西藏自治区普通高等教育电气工程及其自动化一流专业建设教材

发电厂及变电站的二次回路

主　编　蒋晓艳

副主编　袁　超　胡石峰

西南交通大学出版社

·成　都·

图书在版编目（CIP）数据

发电厂及变电站的二次回路 / 蒋晓艳主编. -- 成都：
西南交通大学出版社，2024. 7. -- ISBN 978-7-5643
-9928-3

Ⅰ. TM645.2

中国国家版本馆 CIP 数据核字第 2024V3T384 号

Fadianchang ji Biandianzhan de Erci Huilu

发电厂及变电站的二次回路

主　编／蒋晓艳　　　　　　　责任编辑／李华宇

封面设计／GT 工作室

西南交通大学出版社出版发行

（四川省成都市金牛区二环路北一段 111 号西南交通大学创新大厦 21 楼　　610031）

营销部电话：028-87600564　　　028-87600533

网址：http://www.xnjdcbs.com

印刷：成都蜀通印务有限责任公司

成品尺寸　185 mm×260 mm

印张　9.75　　字数　236 千

版次　2024 年 7 月第 1 版　　印次　2024 年 7 月第 1 次

书号　ISBN 978-7-5643-9928-3

定价　32.00 元

前 言
PREFACE

发电厂与变电站作为电力系统重要组成部分,对电力系统的稳定运行起到重要作用。为使电力系统稳定运行,需对发电厂及变电站设备进行测量、保护、控制等,确保发电厂及变电站经济、稳定运行。因此,二次回路的基本作用为测量、保护、控制、通信等,随着计算机技术的发展,二次回路也更能贴近电力系统的发展需求。

本书共九章,包含二次回路的基础知识、互感器及其二次回路、测量回路、操作电源、断路器的控制和信号回路、隔离开关的控制及闭锁回路、中央信号系统及其他信号系统、同步系统、二次设备的选择等内容,较为全面而又简洁地介绍了二次回路的基本组成与概念,适合电气工程等专业学生作为参考书籍配合教学使用。

本书的编写立足理论,面向实践,通过丰富的示例、详细的步骤解析和实用的实验设计,希望能够激发学生的学习兴趣,使学生掌握发电厂及变电站二次回路各部分所涉及的相关基础知识,同时也能够将所学知识应用到实际问题的解决中。

本书由蒋晓艳担任主编并对全书统稿。具体编写分工如下:第一、二、五、六章由西藏农牧学院蒋晓艳编写;第三、四、七章由西藏农牧学院袁超编写;第八、九章由西藏农牧学院胡石峰编写。

由于编者水平有限,难免存在不足之处,恳请读者指正。

编 者

2024 年 4 月

目 录
CONTENTS

第一章 二次回路的基础知识

第一节 二次回路概述

电力系统由发电厂、变电站、输电线路和用户设备组成。发电厂是把一次能源（石油、煤、水、太阳能、风能等）转换成电能的工厂。变电站是联系发电厂和用户的中间环节，起着变换和分配电能的作用。发电厂及变电站的电气设备通常分为一次设备和二次设备。

一、基本概念

一次设备：直接生产、变换、输送、分配和使用电能的设备。

一次回路：一次设备及其相互连接的回路。

二次设备：对一次设备运行状态进行控制、监视、测量、调节和保护的设备。

二次回路：二次设备及其相互连接的回路。

二、二次回路的主要内容

二次回路是电力系统安全生产、经济运行、可靠供电的重要保障，是发电厂和变电站不可缺少的重要组成部分。二次回路具有设备种类多、功能及原理复杂等特点，其主要内容包括控制回路、测量回路、信号回路、调节回路、继电保护及自动装置回路和操作电源系统。

控制回路由控制开关和控制对象（断路器、隔离开关）的传递机构及执行（或操作）机构组成，其主要作用是对发电厂、变电站的开关设备进行就地或远方跳、合闸操作。

测量回路由各级测量仪表及相关回路组成，其主要作用是实时显示、记录一次设备的运行参数。

信号回路由信号发送机构、信号接收显示装置及其网络组成，其主要作用是准确、及时地显示出相应一次设备的运行工作状态。

调节回路由测量机构、传送机构、调节器和执行机构组成，其主要作用是对一次设备运行参数进行实时调整，以满足运行要求。

继电保护及自动装置回路由测量机构、传送机构、执行机构及继电保护和自动装置组成。当一次系统发生异常或故障时，继电保护发出信号或快速切除故障设备；异常或故障消失后，自动装置投入设备，恢复系统正常运行。

操作电源系统由电源装置及其供电网络组成，其主要作用是给二次回路提供工作电源。

三、二次回路的发展技术

控制方式由原来的单一强电控制，发展到今天的强电、弱电、计算机等多种控制方式并存，其中的控制开关由原来的多触点的万能开关，逐步被结构简单的控制开关或切换开关代替。

保护方式由原来相对独立的继电保护，发展到今天结合新型算法的微机保护系统。

二次回路的发展由原来各部分各司其职，系统调度员统一协调使用，发展到今天控制、测量、保护、远动、管理等一体化计算机监控综合自动化系统。

随着计算机技术、通信技术、自动控制技术、电子技术的发展，彻底解决了二次回路接线复杂，安全性、可靠性不高，电能质量难以控制，设备结构复杂，占地面积大，维护工作量大等问题。

思考：二次回路主要由哪几部分构成？

第二节　二次回路符号概述

为表达二次回路的原理、构成及功能，二次回路接线图采用国际标准或国家标准的电气图形符号和文字符号绘制。其中，图形符号用以反映设备特征或含义，文字符号用以表示电气设备的名称、种类、功能及特征等。

一、二次回路图形符号

（一）图形符号的分类

1. 一般符号

一般符号是一种用于表示某类设备及其主要特征的简单图形符号。图 1-1（a）所示为电压互感器的一般符号。

一般符号的特点是：不仅反映了某类设备或元件，还反映了该设备或元件的主要特征。图 1-1（a）所示的一般符号不仅表示是一台电互感器，而且还反映出该电压互感器一、二次绕组的接线方式和中性点接地情况等主要特征。

2. 方框符号

方框符号是一种用于表示设备或元件的、比一般符号更简单的图形符号。图 1-1（b）所示为电压互感器的方框符号。

方框符号的特点是：仅仅表示了某类设备或元件，而不反映该设备或元件的特征等细节。图 1-1（b）所示的电压互感器方框符号没有反映该电压互感器一、二次绕组的接线方式和中性点接地情况等主要特征。

需要注意的是，方框符号不一定是用方框表示，也可以用长方形、圆形等图形。

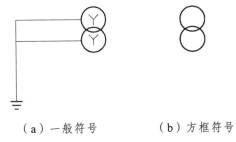

（a）一般符号 （b）方框符号

图 1-1 电压互感器的图形符号

（二）图形符号的表示方法

电气设备一般由多个元器件组成，大部分图形符号可以根据二次回路图布置需要，旋转成任意方向，由于各元器件在电路里的作用不同，它们布置位置也各不相同。根据各元件的位置特性，电气设备的图形符号有以下几种表示方法，如图 1-2 所示。

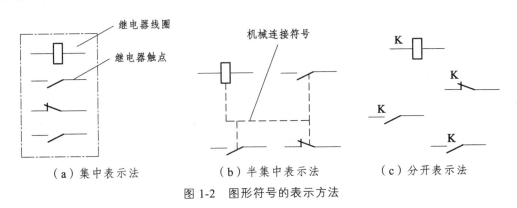

（a）集中表示法 （b）半集中表示法 （c）分开表示法

图 1-2 图形符号的表示方法

1. 集中表示法

集中表示法是指把电气设备中各部分组成的图形符号绘制在一起的一种表示方法。如图 1-2（a）所示，把继电器的线圈及多对触点均绘制在一起，表示继电器的图形符号。

2. 半集中表示法

半集中表示法是指把一个电气设备中各组成部分的图形符号分开布置，并用机械连接符号表示它们之间关系的一种表示方法。如图 1-2（b）所示，同一个继电器的线圈及多对触点分别绘制在不同位置，机械连线涉及的元器件均属于同一个继电器内部的元件。

3. 分开表示法

分开表示法是指把一个电气设备中各组成部分的图形符号分开布置，仅用同一文字符号表示它们之间关系的一种表示方法。如图 1-2（c）所示，同一个继电器的线圈及多对触点分别绘制在不同位置，用相同的文字符号 K 表示它们之间的关系。

二、二次回路文字符号

（一）基本文字符号

为了更加清楚、完整地表示电气设备或元件及其主要特征，电气图中经常在图形符号旁加注文字符号。文字符号是电气图中电气设备或元件的种类代码和功能代码。

文字符号由基本文字符号、辅助文字符号、数字序号和附加文字符号四部分组成。文字符号的一般形式为

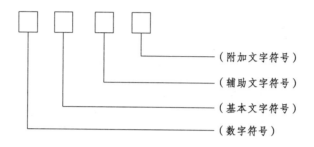

例如：$1T_a$、$2T_b$。

"1""2"为数字符号，表示该设备属于同类设备中第几个，"T"为基本文字符号，表示该设备属于变压器（含互感器）类别。

"A""V"为辅助文字符号，表示该设备具体为何种互感器，下标"a""b"为附加文字符号，表示该设备装设于 A 相或 B 相。一个完整的文字符号由上述四部分中的一个或几个部分组成，但必须包含基本文字符号，其他符号为非必需项，根据具体情况选用。

1. 单字母文字符号

单字母文字符号把电气设备、电子元件等划分成 24 大类，每一大类用一个专用拉丁字母表示，如附录 B 所示。由于拉丁字母"I"和"O"容易同阿拉伯数字"1"和"0"混淆，所以"I"和"O"不允许作为单字母基本文字符号使用。

2. 双字母文字符号

当单字母文字符号不能满足要求时，则采用双字母符号对 24 大类单字母文字符号进一步划分。双字母符号是由一个表示设备种类的单字母符号与表示设备功能、状态及特征的另一个字母符号组成。例如"Q"表示电力电路的开关器件，"F"表示具有保护器件功能，而"QF"组合则表示断路器。

（二）辅助文字符号

辅助文字符号是文字符号组成中的可选项。辅助文字符号用于表示设备或元件的功能和主要特征，例如"A"表示电流，"V"表示电压。

辅助文字符号不能独立存在，必须与基本文字符号组合在一起才能构成一个完整的文字符号。辅助文字符号位置在基本文字符号之后。例如"TA"中的"T"是基本文字符号，"A"是辅助文字符号；"KV"中的"K"是基本文字符号，"V"是辅助文字符号。

许多情况下，只用基本文字符号不能清楚、完整地表示某一个设备或元件，例如"K"只表示该设备属于继电器类，"Q"只表示该设备属于开关类。加上辅助文字符号后表达就更加清楚明了，例如"KA"表示继电器类中的电流继电器，"QF"表示开关类中的断路器。

复习思考题

1. 简述二次回路的主要分类。

2. 分别叙述二次设备和二次回路的概念。

3. 写出断路器、隔离开关、电压互感器、电流互感器的文字符号。

第二章 互感器及其二次回路

电力系统中一次运行设备的监控和故障的切除是靠测量仪表、继电保护及自动装置实现的。测量仪表、继电保护和自动装置通过互感器取得一次设备的运行参数，所以，仪表测量的准确性、继电保护及自动装置动作的可靠性，在很大程度上与互感器的性能有关。

互感器包括电压互感器和电流互感器。电压互感器是一种小型的变压器，电流互感器是一种小型的变流器。电压互感器或电流互感器将电力系统的一次电压或一次电流按比例变换成符合要求的二次电压或二次电流，向测量仪表、继电保护及自动装置的电压线圈和电流线圈供电。电压互感器和电流互感器的工作原理和结构在"电机学"和"发电厂和变电站电气设备"课程中作过详细阐述，本章主要介绍它们的二次回路，并将互感器的技术性能作一简单的回顾。互感器的作用主要有以下两点：

（1）将一次回路的高电压和大电流变换成二次回路的低电压和小电流，并规范为标准值。这样可使测量仪表、继电保护及自动装置标准化、小型化。

（2）将一次回路与二次回路进行电气隔离，这既保证了二次设备和人身安全，又保证了二次回路维修时不必中断一次设备运行。

第一节　电压互感器及其二次回路

电压互感器是一种小型的变压器，其一次绕组并接于电力系统一次回路中，仪表或继电保护或自动装置的电压线圈并接于其二次绕组（即负载为多个元件时，负载并联后接入二次绕组）。

一、电压互感器的技术性能

（一）电压互感器的结构

常用的电压互感器有三相五柱式电压互感器、三相三柱式电压互感器和电容式电压互感器三种。

1. 三相五柱式电压互感器

三相五柱式电压互感器由五柱式铁心、一组一次（三相）绕组和两组二次（三相）绕组组成。其结构示意如图2-1所示。

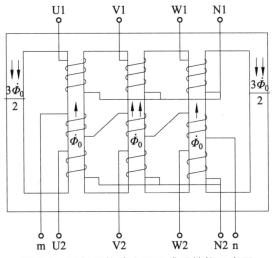

图 2-1 三相五柱式电压互感器结构示意图

（1）五柱式铁心：五柱式铁心左右两个边柱为零序磁通提供通路。

（2）一次三相绕组：一次三相绕组分别绕于铁心中部的三个芯柱上，连接成星形接线，其引出端 U1、V1、W1 并接于一次回路中，中性点 N1 直接接地。

（3）二次三相绕组：二次侧有主二次绕组和辅助二次（开口三角形接线）绕组两组三相绕组。

① 主二次（三相）绕组分别绕于铁心中部的三个芯柱上，连接成星形接线，其引出端 U2、V2、W2 向二次回路负载提供三相电压。中性点 N2 是否接地根据二次回路的要求而定。一般在 110 kV 及以上电压等级的中性点直接接地的电力系统（以下简称 110 kV 及以上中性点直接接地系统）中，N2 直接接地。

② 辅助二次（三相）绕组，分别绕于铁心中部的三个芯柱上，连接成开口三角形接线，形成零序电压滤过器。

三相五柱式电压互感器由于既能检测一次系统的相电压、线电压，又能检测零序电压，广泛应用于电力系统中。

2. 三相三柱式电压互感器

它由"□□"形（三柱）铁心（即图 2-1 中铁心去掉左右两个边柱）和一、二次绕组组成。一次（三相）绕组分别绕于铁心的三个芯柱上，连接成星形接线，其引出端 U1、V1、W1 并联接于一次回路中。中性点 N1 不允许接地，否则，当一次系统发生单相接地时，由于出现零序电流，致使互感器过热，甚至烧坏。二次（三相）绕组也分别绕于三个芯柱上，连接形成星形接线，其引出端 U2、V2、W2 向二次回路负载提供三相电压，而中性点 N2 是否接地根据二次回路的要求而定。

三相三柱式电压互感器主要应用在 35 kV 及以下电压等级的中性点非直接接地的电力系统（以下简称 35 kV 及以下中性点不接地接地系统）中。

3. 电容式电压互感器

电容式电压互感器（见图 2-2）实质上是一个电容分压器，它由电容器 C_1 和 C_2 按反比分压，C_2 上电压 $\dot{U}_{C2}$ 为

$$\dot{U}_{C2} = \frac{C_1}{C_1 + C_2}\dot{U}_{WN} = n\dot{U}_{WN} \qquad (2\text{-}1)$$

式中　　n——分压比，$n = C_1/(C_1 + C_2)$；

　　　　$\dot{U}_{WN}$——被测线路 L3 相对地电压。

a、b 两点间内阻抗 Z 等于

$$Z = \frac{1}{j\omega(C_1 + C_2)}$$

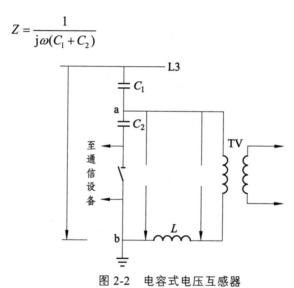

图 2-2　电容式电压互感器

为了减少 Z，要在 a、b 回路中加入电抗器 L 进行补偿。

当 $Z = \dfrac{1}{j\omega(C_1 + C_2)}$ 时，有

$$Z = j\omega L + \frac{1}{j\omega(C_1 + C_2)} = 0$$

在 $Z = 0$ 时，输出（即电压互感器一次侧）电压 $\dot{U}_2$ 与阻抗 Z 无关，即

$$\dot{U}_2 = \dot{U}_{C2} = n\dot{U}_{WN} \qquad (2\text{-}2)$$

电容式电压互感器由于结构简单、体积小、重量轻、成本低，分压电容器还可兼作载波通信的耦合电容器，广泛应用在 110 kV 及以上中性点直接接地系统中，用来检测相电压。电容式电压互感器的缺点是输出容量较小、误差较大，二次电压在一次系统短路时，不能迅速、真实地反映一次电压的变化。

（二）电压互感器的特点

1. 电压互感器二次绕组的额定电压值

当一次绕组电压等于额定值时，二次额定线电压为 100 V，额定相电压为 $100/\sqrt{3}$ V。对三相五柱式电压互感器，辅助二次绕组额定相电压，用于 35 kV 及以下中性点不直接接地系统，为 $\dfrac{100}{3}$ V；用于 110 kV 及以上中性点直接接地系统，为 100 V。

2. 电压互感器正常运行时近似空载状态

并接在电压互感器二次绕组上的二次负载，是测量仪表、继电保护及自动装置的电压线圈，电压线圈导线较细，负载阻抗较大，负载电流很小，所以，电压互感器正常运行时近似于空载运行的变压器。

3. 电压互感器二次侧不允许短路

由于电压互感器内阻抗很小，若二次回路短路，则会出现危险的过电流，将损坏二次设备和危及人身安全。

4. 电压互感器的变比

若电压互感器一次绕组为 N_1 匝，额定相电压为 U_{1N}，二次绕组为 N_2 匝，额定相电压为 U_{2N}，则变比 n_{TV} 为

$$n_{TV} = \frac{N_1}{N_2} = \frac{U_{1N}}{U_{2N}}$$

电压互感器的变比等于一、二次绕组匝数之比，也等于一、二次额定相电压之比。

对于三相五柱式电压互感器，为了使开口三角侧输出的最大二次电压 $U_{mn,max}$ 不超过 100 V，其变比 n_{TV} 有两种情况。

（1）用于 35 kV 及以下中性点不直接接地系统，变比 n_{TV} 为

$$n_{TV} = U_{1N} / \frac{100}{\sqrt{3}} / \frac{100}{3}$$

（2）用于 110 kV 及以上中性点直接接地系统，变比 n_{TV} 为

$$n_{TV} = U_{1N} / \frac{100}{\sqrt{3}} / 100$$

（三）电压互感器的极性

电压互感器的极性端采用减极性标注法，用"*"或"•"表示极性端，如图 2-3 所示。

电压互感器一、二次绕组的极性取决于绕组的绕向，而一、二次绕组电压的相位取决于绕组的绕向和对绕组始末端的标注方法。我国按一、二次电压相位相同的方法标注极性端，这种标注方法称为减极性标注法。

极性端是指在同一瞬间，端子 H1 有正电位时，端子 K1 也有正电位，则两端子有相同的极性。

电压互感器两侧电压 $\dot{U}_1$ 和 $\dot{U}_2$ 的正方向，一般均由极性端指向非极性端，如图 2-3（a）所示。这种标注方法使一、二次电压相位相同，如图 2-3（c）所示。

当电压互感器带上负载后，一次绕组电流 $\dot{I}_1$ 的正方向从极性端 H1 流入，二次绕组电流 $\dot{I}_2$ 的正方向从极性端 K1 流出，可简记为电流"头进头出"，如图 2-3（b）所示。

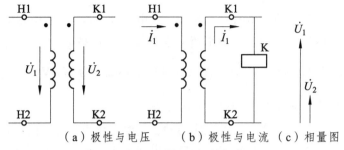

（a）极性与电压　　（b）极性与电流　（c）相量图

图 2-3　电压互感器的极性标注

对于三相五柱式电压互感器，一、二次绕组相电压的正方向也是由极性端指向非极性端，如图 2-4（a）所示。一次绕组与主二次绕组电压向量如图 2-4（b）所示，一次绕组与辅助二次（开口三角形侧）绕组电压向量如图 2-4（c）所示。

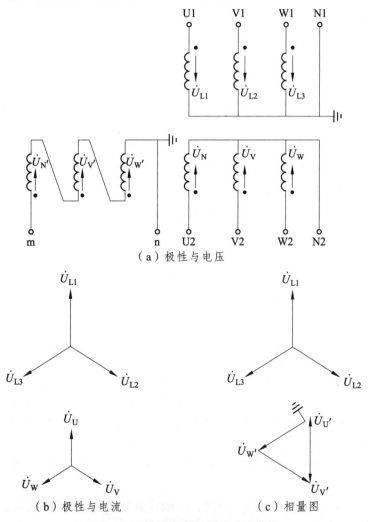

图 2-4　三相五柱式电压互感器极性

（四）电压互感器的接线形式

电压互感器的接线方式根据二次负载的需要而定。

由图 2-4 可知，三相五柱式电压互感器一次绕组连接成星形，主二次绕组连接成星形，形成 Yy0 接线方式，辅助二次绕组连接成开口三角形，形成 Yd1 接线方式。

辅助二次绕组按开口三角形连接，构成零序电压过滤器，使 mn 端子上的电压与一次系统三倍零序电压成正比，即

$$\dot{U}_{mn} = \dot{U}_{U'} + \dot{U}_{V'} + \dot{U}_{W'} = \frac{1}{n_{TV}}(\dot{U}_{1,1} + \dot{U}_{1,2} + \dot{U}_{1,3}) = \frac{1}{n_{TV}} \times 3\dot{U}_0 \qquad （2-3）$$

一次系统正常运行（或对称短路）时，$\dot{U}_{L1}$、$\dot{U}_{L2}$、$\dot{U}_{L3}$ 三相电压对称（或三线电压中含有对称的正序电压或负序电压时），其相量之和等于零（即 $3\dot{U}_0$ 等于零），则 $\dot{U}_{mn}$ 等于零（或 $\dot{U}_{mn} \approx 0$）。

一次系统发生单相或两相接地短路故障时，电压互感器二次电压与故障点的位置、故障类型及电压互感器的变比有关。一次系统发生单相（L1 相）金属性接地时 U_{mn} 的大小，可分为下面两种情况。

（1）35 kV 及以下中性点不直接接地系统。如图 2-5（a）所示，故障相对地电压为零，非故障相对地电压升高为线电压，非故障相之间电压为线电压。可见，此时线电压三角形不变，用户可正常工作，允许继续运行一段时间。

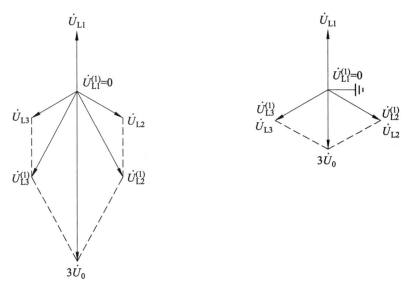

（a）35 kV 及以下中性点不直接接地系统　　（b）110 kV 及以上中性点直接接地系统

图 2-5　L1 相接地时三相电压相量图

因为 $3\dot{U}_0 = \dot{U}_{L1}^{(1)} + \dot{U}_{L2}^{(1)} + \dot{U}_{L3}^{(1)}$，则

$$\dot{U}_{mn} = \frac{1}{n_{TV}}(\dot{U}_{L1}^{(1)} + \dot{U}_{L2}^{(1)} + \dot{U}_{L3}^{(1)}) = \frac{1}{n_{TV}} \times 3\dot{U}_0 = \frac{1}{n_{TV}}(\dot{U}_{L2}^{(1)} + \dot{U}_{L3}^{(1)}) \qquad （2-4）$$

其有效值为

$$U_{mn} = \frac{1}{n_{TV}} \times \sqrt{3} \times U_{L2}^{(1)} = \frac{1}{n_{TV}} \times 3U_0 = 3 \times \frac{100}{3} = 100 \ (\text{V})$$

（2）110 kV 及以上中性点直接接地系统。

相量图如图 2-5（b）所示，该图对应 L1 相的负序电压与零序电压相等的情况，$\dot{U}_{L2}^{(1)}$ 等于 $\dot{U}_{1,2}$，$\dot{U}_{L3}^{(1)}$ 等于 $\dot{U}_{1,3}$。图中，故障相对地电压为零，非故障相对地电压的大小和相位保持不变，则

$$
\begin{aligned}
\dot{U}_{mn} &= \frac{1}{n_{TV}}(\dot{U}_{L1}^{(1)} + \dot{U}_{L2}^{(1)} + \dot{U}_{L3}^{(1)}) \\
&= \frac{1}{n_{TV}} \times 3\dot{U}_0 = \frac{1}{n_{TV}}(\dot{U}_{L2}^{(1)} + \dot{U}_{L3}^{(1)}) \\
&= \frac{1}{n_{TV}}(\dot{U}_{L2}^{(1)} + \dot{U}_{L3}^{(1)})
\end{aligned}
\tag{2-5}
$$

其有效值为

$$U_{mn} = \frac{1}{n_{TV}} U_{L2} = 100 \ (\text{V})$$

二、电压互感器二次回路

（一）对电压互感器二次回路的要求

电压互感器二次回路应满足以下要求：

（1）电压互感器的接线方式应满足测量仪表、远动装置、继电保护和自动装置检测回路的具体要求。

（2）应装设短路保护。

（3）应有一个可靠的接地点。

（4）应有防止从二次回路向一次回路反馈电压的措施。

（5）对于双母线上的电压互感器，应有可靠的二次切换回路。

（二）电压互感器二次回路的短路保护

电压互感器正常运行时，近似于空载状态，若二次回路短路，会出现危险的过电流，将损坏二次设备和危及人身安全。所以，必须在电压互感器二次侧装设熔断器或低压断路器，作为二次侧的短路保护。

1. 装设熔断器

在 35 kV 及以下中性点不直接接地系统中，一般不装设距离保护，不用担心在电压互感器二次回路末端短路时，因熔断器熔断较慢而造成距离保护误动作。因此，对 35 kV 及以下

的电压互感器，可以在二次绕组各相引出端装设熔断器（如图 2-6 中所示的 FU1～FU3）作为短路保护。

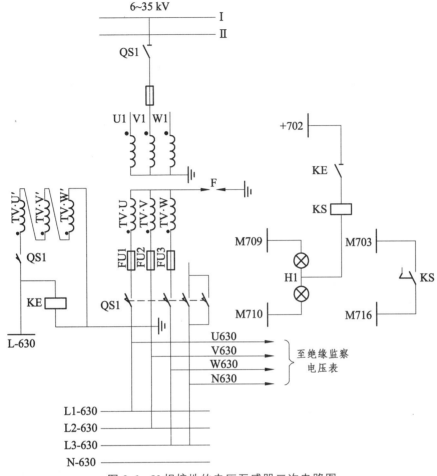

图 2-6 V 相接地的电压互感器二次电路图

选择熔断器有以下两点原则。

（1）在电压互感器二次回路内发生短路故障时，熔断器熔体的熔断时间应小于继电保护的动作时间。

（2）熔断器熔体的额定电流应整定为二次最大负载电流的 1.5 倍。对于双母线系统，应考虑一组母线停运时，所有电压回路的负载全部切换至另一组电压互感器上。

2. 装设低压断路器

在 110 kV 及以上中性点直接接地系统中，通常装有距离保护，如果在远离电压互感器的二次回路上发生短路故障时，由于二次回路负载阻抗较大，短路电流较小，则熔断器不能快速熔断，但在短路点附近电压比较低或等于零，可能引起距离保护误动作。所以，对于 110 kV 及以上的电压互感器，在二次绕组各相引出端装设快速低压断路器（如图 2-7 中的 QA1～QA3）作为短路保护。

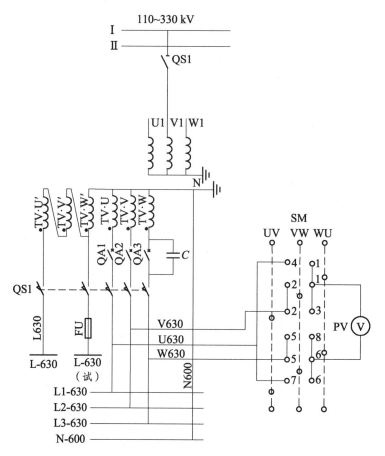

SM，LW2-5,5/F4-X型

触点盒型式			5			5		
触点号			1-2	2-3	1-4	5-6	6-7	5-8
位置	UV	←	—	·	—	—	·	—
	VW	↑	·	—	—	·	—	—
	WU	→	—	—	·	—	—	·

图 2-7　中性点 N 接地的电压互感器二次电路图

选择低压断路器时有以下三点原则。

（1）低压断路器脱扣器的动作电流应整定为二次最大负载电流的 1.5 ~ 2.0 倍。

（2）当电压互感器运行电压为 90% 额定电压时，在二次回路末端经过渡电阻发生两相短路，而加在继电器线圈上的电压低于 70% 额定电压时，低压断路器应能瞬时动作于跳闸。

（3）低压断路器脱扣器的断开时间应不大于 0.02 s。

对于 110 kV 及以上或 35 kV 及以下的电压互感器，在中性线和辅助二次绕组回路中，均不装设熔断器或低压断路器，因为正常运行时，在中性线和辅助二次绕组回路中，没有电压或只有很小的不平衡电压；同时，此回路也难以实现对熔断器和低压断路器的监视。

由电压互感器二次回路引到继电保护屏的分支回路上，为保证继电保护工作的可靠性，不装设熔断器；引到测量仪表回路的分支回路上，应装设熔断器，此熔断器应与主回路的熔断器在动作时限上相配合，以便保证在测量回路中发生短路故障时，首先熔断分支回路熔断器。

（三）电压互感器二次回路断线信号装置

由于电压互感器二次输出端装有短路保护，故当短路保护动作或二次回路断线时，与其相连的距离保护可能误动作。虽然距离保护装置本身的振荡闭锁回路可兼做电压回路断线闭锁之用，但是为了避免在电压回路断线的情况下，又发生外部故障造成距离保护无选择性动作，或者使其他继电保护和自动装置不正确动作，一般还需要装设电压回路断线信号装置。当熔断器或低压断路器断开或二次回路断线时，发出断线信号，以便运行人员及时发现并处理。

电压回路断线信号装置的类型很多。目前多采用按零序电压原理构成的电压回路短线信号装置。其电路如图 2-8 所示。该装置由星形连接的三个等值电容 C_1、C_2、C_3，断线信号继电器 K，电容 C' 及电阻 R' 组成。短线信号继电器 K 有两组线圈，其工作线圈 L1 接于电容中性点 N' 和二次回路中性点 N 回路中，另一线圈 L2 经 C'、R' 接于电压互感器辅助二次绕组回路。

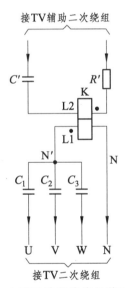

图 2-8 电压回路断线信号装置电路图

在正常运行时，由于 N' 与 N 等电位，辅助二次回路电压也等于零，所以断线信号继电器 K 不动作。

当电压互感器二次回路发生一相或两相断线时，由于 N' 与 N 之间出现零序电压，而辅助二次回路仍无电压，所以断线信号继电器 K 动作，发出断线信号。

当电压互感器二次回路发生三相断线（熔断器或低压断路器三相同时断开）时，在 N' 与 N 之间无零序电压出现，断线信号继电器 K 将拒绝动作，不发断线信号，这是不允许的。

为此，在三相熔断器或三相低压断路器的任一相上并联一电容 C（见图 2-7）。这样，当三相同时断开时，电容 C 仍串接在一相电路中，则 N′ 与 N 之间仍有电压，可使断线信号继电器 K 动作，仍能发出断线信号。

电容 C 的电容值选择与二次负载大小有关。当电压互感器二次回路上接有两套距离保护装置时，C 可取 4 μF；若接有四套距离保护装置，C 可取 8 μF。但必须经过现场模拟实验，即在电压互感器最大负载时三相断线和最小负载时与电容 C 并联的一相断线后，作用在断线信号继电器的电压不小于其动作电压的 2 倍，作为选择电容 C 的基本依据。

当一次系统发生接地故障时，在 N′ 与 N 之间出现零序电压，同时在辅助二次回路中也出现零序电压，此时断线信号继电器 K 的两组线圈 L1 和 L2 所产生的零序磁动势大小相等、方向相反、合成磁通等于零，K 不动作。

（四）电压互感器二次回路安全接地

电压互感器的一次绕组并接在高压系统的一次回路中，二次绕组并接在二次回路中。当电压互感器一、二次绕组之间绝缘损坏被击穿时，高压电将侵入二次回路，危害人身和二次设备的安全。为此，在电压互感器二次侧必须有一个可靠的接地点，通常称之为安全接地或保护接地。目前国内电压互感器二次侧的接地方式有 V 相接地和中性点接地两种。

1. V 相接地的电压互感器二次电路

在 35 kV 及以下中性点不直接接地系统中，一般不装设距离保护，V 相接地对保护影响较小，又由于一次系统发生电箱接地故障时，相电压随其变化，而线电压三角形不变，因此，同步系统不能用相电压，而必须用线电压，为了简化其二次回路，对 35 kV 及以下的电压互感器，二次绕组一般采用 V 相接地，如图 2-6 所示。

图 2-6 中，M709 和 M710 分别为 Ⅰ 和 Ⅱ 组预告信号小母线；＋702 为母线设备辅助小母线。TV·U、TV·V、TV·W 为电压互感器主二次绕组，在二次绕组引出端附近，装设熔断器 FU1 ～ FU3 作为二次回路的短路保护。二次绕组的安全接地点设在 V 相，并设在 FU2 之后，以保证在电压互感器二次侧中性线上发生接地故障时，FU2 对 V 相绕组起保护作用。但是接地点设在熔断器 FU2 之后也有缺点，当熔断器 FU2 熔断后，电压互感器二次绕组失去安全接地点。为了防止在这种情况下有高压电侵入二次侧，在二次侧中性点与地之间装设一个击穿保险器 F。击穿保险器实际上是一个放电间隙，当二次侧中性点对地电压超过一定数值后，间隙被击穿，变为一个新的安全接地点。电压值恢复正常后，击穿保险器自动复归，处于开路状态。正常运行时中性点对地电压等于零（或很小），击穿保险器处于开路状态，对电压互感器二次回路的工作无任何影响。

为防止在电压互感器停用或检修时，由二次侧向一次侧反馈电压，造成人身和设备事故，可采取如下措施：除接地的 V 相以外，其他各相引出端都有电压互感器隔离开关 QS1 辅助常开触点控制。这样当电压互感器停电检修时，在断开其隔离开关 QS1 的同时，二次回路也自动断开。由于隔离开关的辅助触点有接触不良的可能，而中性线上的触点接触不良又难以发现，所以采用了两对辅助触点 QS1 并联，以提高其可靠性。

母线上的电压互感器是接在同一母线上的所有电气元件（发电机、变压器、线路等）的公用设备。为了减少联络电缆，采用了电压小母线 L1-630、L2-600、L3-630、N-630 和 L-630（"630"代表 I 组母线，"L1、L2、L3、N 和 L"代表相别和零序）。电压互感器二次引出端最终接在电压小母线上。根据具体情况，电压小母线可布置在配电装置内或保护和控制屏顶部。接在这组母线上的各电气元件的测量仪表、远动装置、继电保护及自动装置所需的二次电压均从小母线取得。

在辅助二次绕组回路中，装有绝缘监察继电器 KE，用来监视一次系统是否接地（或绝缘是否完好）。前面已经讲过，当一次系统发生单相接地时，在 mn 端子上出现 3 倍零序电压，当此电压大于 KE 的启动电压（一般整定为 15 V）时，KE 动作，其常开闭触点闭合，点亮光字牌 H1，显示"第 I 组母线接地"字样，并发出预告音响信号，还启动信号继电器 KS，KS 动作后掉牌落下，将 KE 动作记录下来，同时通过小母线 M703、M716 点亮"掉牌未复归"光字信号，提醒运行人员 KE 动作及 KS 的掉牌还没有复归。

在母线接地时，为了判别哪相接地，通常接有绝缘检查电压表。

2. 中性点接地的电压互感器二次回路

110 kV 及以上中性点直接接地系统一般装设距离保护和零序方向保护，电压互感器二次绕组采用中性点接地对保护较有利。中性点接地的电压互感器二次电路如图 2-7 所示。

前面已经讲过，对于 110 kV 及以上的电压互感器，在二次回路装有短路保护，并装有电压回路断线信号装置。为了保证在二次回路断线时，断线信号能可靠地发出，其中性点引出线不经过隔离开关的辅助触点（或继电器的触点）引出，并在三相中的任一相上并联一个电容 C；为防止二次侧向一次侧反馈电压，其各相（除中性线）引出端都经电压互感器隔离开关 QS1 的辅助触点引出；图 2-7 中还设有相应的电压小母线。

为了给零序功率方向保护提供电压，在辅助二次绕组输出端设有零序电压（$3\dot{U}_0$）小母线 L-630；为了便于利用负载电流检查零序功率方向元件的接线是否正确，由辅助二次绕组 TV·W' 的正极性端引出一个试验小母线 L3-630（试），其抽取的试验电压为 $\pm\dot{U}_{\text{wN}}$。

由于一次系统中性点直接接地，则不需要装设绝缘监察装置，而是通过转换开关 SM，选测 U_{UV}、U_{VW}、U_{WU} 三种线电压。

（五）电压互感器二次电压切换电路

1. 双母线上电气元件二次电压的切换

对于双母线上所连接的各电气元件，其测量仪表、远动装置、继电保护及自动装置的电压回路（即电气元件的二次电压），应随一次回路一起进行切换，即电气元件的一次回路连接在哪组母线上，其二次电压也应由该母线上的电压互感器供电。否则，当母线联络（简称母联）断路器断开，两组母线分开运行时，可能出现一次回路与二次回路不对应的情况，则仪表可能测量不准确，远动装置、继电保护和自动装置可能发生误动作或拒绝动作。所以，双母线上的电气元件应具有二次电压切换回路。一般利用隔离开关的辅助触点和中间继电器触点进行自动切换，如图 2-9 所示。

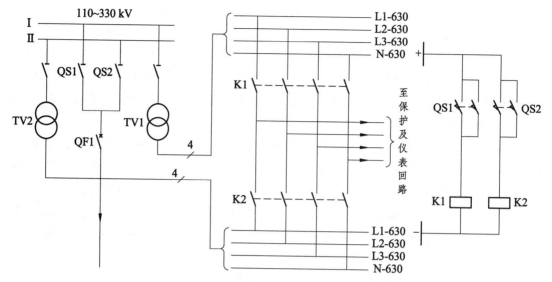

图 2-9　利用继电器触点进行切换的电压电路

图 2-9 中，L1-630、L2-630、L3-630、N-630 和 L1-640、L2-640、L3-640、N-640 分别为第Ⅰ组和第Ⅱ组母线电压互感器二次电压小母线。馈线（电气元件）的二次电压利用中间继电器 K1、K2 的触点进行切换。当馈线运行在Ⅰ组母线上时，隔离开关 QS1 闭合，由其辅助常开触点启动中间继电器 K1，K1 的常开触点闭合，将Ⅰ组母线电压互感器小母线上的电压引至馈线的保护及仪表电压回路。

2. 互为备用的电压互感器二次电压切换

对于 6 kV 及以上电压等级的双母线系统，两组母线的电压互感器应具有互为备用的切换回路，以便其中一组母线上的电压互感器停用时，保证其二次电压小母线上的电压不间断。其切换电路如图 2-10 所示。

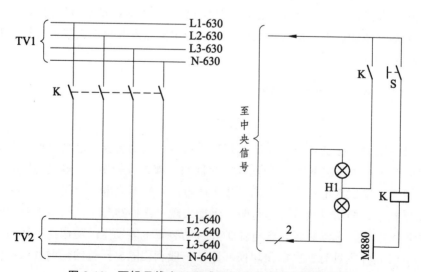

图 2-10　两组母线电压互感器互为备用的切换电路图

切换操作是利用手动开关 S 和中间继电器 K 实现的。由于这种切换只有当母联断路器在闭合状态下才能进行，因此，中间继电器 K 的负电源是由母联隔离开关操作闭锁小母线 M880 供给。例如，Ⅰ组母线上的电压互感器 TV1 需要停用时，停用前双母线需并联运行（即合上母联断路器），使母联隔离开关操作闭锁小母线 M880 与电源负极接通，然后再接通手动开关 S，启动中间继电器 K，K 动作后，其常开触点闭合，点亮光字牌 H1，显示"电压互感器切换字样"，最后断开Ⅰ组母线电压互感器 TV1 的隔离开关，使 TV1 的电压小母线由 TV2 供电。

第二节　电流互感器及其二次回路

电流互感器是一种小型的变流器，其一次绕组串接于电力系统的一次回路中，二次绕组与仪表或继电保护或自动装置的电流线圈相串联（即负载为多个元件时，负载串联后接入二次绕组）。

一、电流互感器的结构

电流互感器按结构可以分为单匝单铁心电流互感器、多匝单铁心电流互感器、多匝双铁心电流互感器和零序电流互感器四种。

1. 单匝单铁心电流互感器

如图 2-11（a）所示，单匝单铁心电流互感器的一次绕组为单根粗导线，穿过一个圆形铁心后，串入一次回路中；二次绕组绕于铁心上。

2. 多匝单铁心电流互感器

如图 2-11（b）所示，多匝单铁心电流互感器的一次绕组为多匝，穿过一个圆形铁心后，串入一次回路中；二次绕组绕于铁心上。

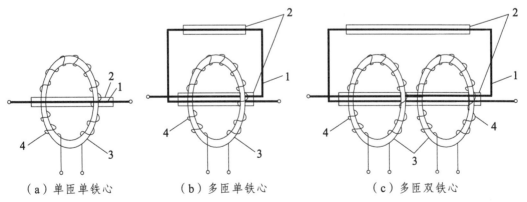

（a）单匝单铁心　　　　（b）多匝单铁心　　　　（c）多匝双铁心

1—一次绕组；2—绝缘；3—铁心；4—二次绕组。

图 2-11　电流互感器结构示意图

3. 多匝双铁心电流互感器

如图 2-11（c）所示，多匝双铁心电流互感器的一次绕组为多匝，同时穿过两个圆形铁心后，串入一次回路中；二次绕组绕于各自的铁心上。

4. 零序电流互感器

如图 2-12 所示，零序电流互感器的一次绕组为三个（三相）单匝，同时穿过一个圆形铁心，然后串入一次回路中；二次绕组绕于铁心上。

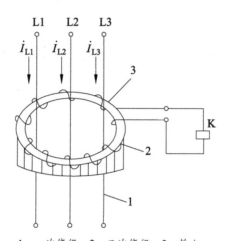

1——次绕组；2—二次绕组；3—铁心。

图 2-12 零序电流互感器结构示意图

零序电流互感器，流过负载 K 的电流 $\dot{I}_K$ 等于一次侧三相电流 $\dot{I}_{L1}$、$\dot{I}_{L2}$、$\dot{I}_{L3}$ 的相量和，即

$$\dot{I}_K = \frac{1}{n_{TA}}(\dot{I}_{L1} + \dot{I}_{L2} + \dot{I}_{L3}) = \frac{1}{n_{TA}} \times 3\dot{I}_0 \qquad （2-6）$$

正常运行（或对称短路）时，一次侧三相电流对称（或三相电流中含有对称的正序或负序电流时），三相电流向量之和等于零（即 $3\dot{I}_0$ 等于零），铁心中不产生磁通，二次负载电流为

$$\dot{I}_K = 0$$

当一次系统发生单相接地（或不对称故障）时，三相电流不对称，其相量和不等于零，铁心中出现零序磁通，此时

$$3\dot{I}_0 = \dot{I}_{L1}^{(1)} + \dot{I}_{L2}^{(1)} + \dot{I}_{L3}^{(1)}$$

则二次负载电流 $\dot{I}_K$ 为

$$\dot{I}_K = \frac{1}{n_{TA}}(\dot{I}_{L1}^{(1)} + \dot{I}_{L2}^{(1)} + \dot{I}_{L3}^{(1)}) = \frac{1}{n_{TA}} \times 3\dot{I}_0$$

二、电流互感器的特点

1. 电流互感器二次绕组的额定电流

当一次绕组流过额定电流时，二次绕组的额定相电流为 5 A、1 A 或 0.5 A。

2. 电流互感器正常运行时接近短路状态

串接在电流互感器二次绕组上的负载，是测量仪表、继电保护和自动装置的电流线圈，电流线圈导线较粗，负载阻抗较小，则二次绕组的端电压较低，相当于短路状态。

3. 电流互感器二次侧不允许开路

电流互感器正常运行时，二次电流有去磁作用，使合成磁动势很小。当二次侧开路时，二次电流的去磁作用立即消失，使合成磁动势突然增大。这时，在二次侧感应出数百伏至数千伏的高电压，危及二次设备及人身安全。所以，运行中的电流互感器严禁二次回路开路。

4. 电流互感器的变比

若电流互感器一次绕组为 N_1 匝，额定相电流为 $\dot{I}_{1N}$；二次绕组为 N_2 匝，额定相电流为 $\dot{I}_{2N}$，则变比 n_{TA} 为

$$n_{TA} = \frac{N_2}{N_1} = \frac{I_{1N}}{I_{2N}}$$

电流互感器的变比等于一、二次额定相电流之比，并与一、二次绕组匝数成反比。

三、电流互感器的极性及接线方式

（一）电流互感器的极性

为了准确判别电流互感器一次电流 $\dot{I}_1$ 与二次电流 $\dot{I}_2$ 的相位关系，必须先识别一、二次绕组的极性端。电流互感器极性端标注的方法和符号与电压互感器相同，如图 2-13 所示。一次电流 $\dot{I}_1$ 的正方向从极性端 H1 流入一次绕组，从 H2 端流出；二次电流 $\dot{I}_2$ 的正方向从二次绕组的极性端 K1 流出，从 K2 流入，即"头进头出"。

按上述原则标注电流正方向时，在忽略电流互感器相位差的情况下，一次电流 $\dot{I}_1$ 与二次电流 $\dot{I}_2$ 相位相同，如图 2-13（b）所示。

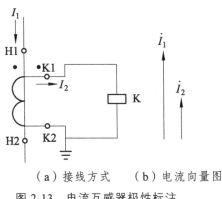

（a）接线方式　（b）电流向量图

图 2-13　电流互感器极性标注

（二）电流互感器的接线方式

电流互感器的接线方式根据测量仪表、继电保护及自动装置的要求而定，常见的接线方式有三相星形、两相 V 形、三相三角形和三相零序四种。

1. 三相星形接线方式

三个型号相同的电流互感器的一次绕组分别串接入一次系统三相回路中，二次绕组与二次负载连接成星形接线，如图 2-14 所示。

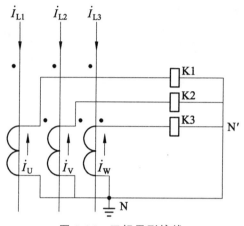

图 2-14　三相星形接线

正常运行时，在三相负载中分别流过二次绕组的相电流为

$$\dot{I}_{U} = \frac{\dot{I}_{L1}}{n_{TA}}, \dot{I}_{V} = \frac{\dot{I}_{L2}}{n_{TA}}, \dot{I}_{W} = \frac{\dot{I}_{L3}}{n_{TA}}$$

式中　$\dot{I}_{L1}$、$\dot{I}_{L2}$、$\dot{I}_{L3}$——电流互感器一次相电流，A；

　　　$\dot{I}_{U}$、$\dot{I}_{V}$、$\dot{I}_{W}$——电流互感器二次相电流，A。

这种接线方式的特点是：流过负载的电流等于流过二次绕组的电流，因此接线系数（或称电流分配系数）k_{CO} 等于 1；三相电流 $\dot{I}_{L1}$、$\dot{I}_{L2}$、$\dot{I}_{L3}$ 对称时，在 N′ 与 N 的连接线中无电流；能反映各种类型的短路故障。

这种接线方式既可用于测量回路，又可用于继电保护及自动装置回路，因此广泛应用在电力系统中。

2. 两相 V 形接线方式

两个型号相同的电流互感器一次绕组分别串接在一次系统 L1、L3 两相回路中，二次绕组与二次负载（K1、K2）连接成 V 形接线，如图 2-15（a）所示。

参照三相星形接线可知，这种接线方式的特点是：流过负载的电流等于流过二次绕组的电流，因此接线系数 k_{CO} 等于 1；三相电流（$\dot{I}_{L1}$、$\dot{I}_{L2}$、$\dot{I}_{L3}$）对称时，在 N′ 与 N 的连接线中流过的电流往往不是真正的 V 相电流；不能反映 L2 相接地故障。

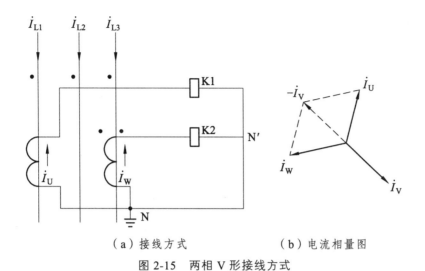

（a）接线方式　　　　　　　（b）电流相量图

图 2-15　两相 V 形接线方式

这种接线方式广泛应用于 35 kV 及以下中性点不直接接地系统中。

3. 三相三角形接线方式

三个型号相同的电流互感器的一次绕组分别串接入一次系统的三相回路，二次绕组按三角形连接，然后与三相星形连接的负载相连，如图 2-16（a）所示。

正常运行时，流过每相负载（K1、K2、K3）的电流时两相电流的向量差，如图 2-16（b）所示，即

$$\dot{I}_{K1} = \dot{I}_U - \dot{I}_V$$

$$\dot{I}_{K2} = \dot{I}_V - \dot{I}_W$$

$$\dot{I}_{K3} = \dot{I}_W - \dot{I}_U$$

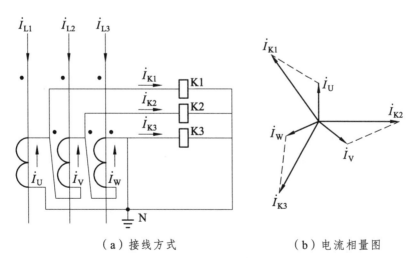

（a）接线方式　　　　　　　（b）电流相量图

图 2-16　三相三角形接线方式

这种接线方式的特点是：流过每相负载的电流等于相电流的 $\sqrt{3}$ 倍，因此接线系数 k_{CO} 等于 $\sqrt{3}$；能反映各种类型的短路故障，但一次系统发生不对称短路故障时，各相负载中的电流变化较大。

这种接线方式主要用于继电保护及自动装置中，很少用于测量仪表回路。

4. 三相零序接线方式

它是将三相中三个同型号电流互感器的极性端连接起来，同时将非极性端也连接起来，然后再与负载 K 相连接，组成零序电流滤过器，如图 2-17 所示。

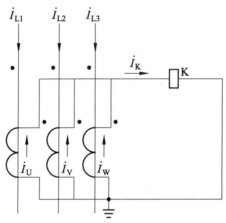

图 2-17　三相零序接线方式

这种接线流过负载 K 的电流 $\dot{I}_K$ 等于三个电流互感器二次电流的向量和，即

$$\dot{I}_K = \dot{I}_U + \dot{I}_V + \dot{I}_W$$
$$= \frac{1}{n_{TA}}(\dot{I}_{L1} + \dot{I}_{L2} + \dot{I}_{L3}) = \frac{1}{n_{TA}} \times 3\dot{I}_0 \tag{2-7}$$

零序电流互感器正常运行（或对称短路）时，二次负载电流为

$$\dot{I}_K = 0$$

当一次系统发生接地短路时，二次负载电流为

$$\dot{I}_K = \frac{1}{n_{TA}} \times 3\dot{I}_0$$

这种接线方式主要用于继电保护及自动装置回路，测量仪表回路一般不用。

四、电流互感器的误差、准确级及 10%误差曲线

1. 误　差

电流互感器在理想（即忽略铁心损耗）情况下，$n_{TA}\dot{I}_2$ 与 $\dot{I}_1$ 大小相等、相位相同。实际上存在着误差，其误差极限包含有相位（角）误差，用度（°）表示；电流（值）误差 ΔI，用百分数 "%" 表示，即

$$\Delta I = \frac{n_{TA}I_2 - I_1}{I_1} \times 100\% \qquad (2\text{-}8)$$

2. 准确级

电流互感器的准确级或准确度等级是指在规定的二次负载范围内，一次电流为额定值时电流的最大误差值，用百分数"%"表示。

准确级分为 0.2、0.5、1、3、10（10P 或 10P10 或 10P20）五级。其中，0.2、0.5、1 级为测量级；3、10（10P、10P10、10P20）级为保护级，括号内为国际电工委员会（IEC）规定。10P 中的"P"表示保护，10P10、10P20 后边的 10 和 20 表示一次电流与额定电流的倍数。

测量级电流互感器在一次系统正常运行时工作。若一次系统发生短路时，希望电流互感器较早饱和，以便保护测量仪表不会因为二次电流过大而损坏。例如，0.5 级表示一次电流为额定值时，电流误差极限为±0.5%，相位误差极限为±40°。

保护级电流互感器在一次系统短路时工作。要求在可能出现的短路电流范围内，并在规定的二次负载情况下，电流互感器最大误差极限不超过相应的准确级。例如，10P10 表示短路电流与额定电流倍数 $m = 10$ 时，在保证 10%误差曲线（即二次负载阻抗 Z_2 不超过允许负载阻抗 Z_{2en}）情况下，电流误差极限为 10%，相位误差极限一般不做规定。

3. 10%误差曲线

10%误差曲线是在保证电流互感器电流误差不超过 10%条件下，一次电流倍数 $m\left(=\dfrac{I_1}{I_N}\right)$

与电流互感器二次允许负载阻抗 Z_{2en} 的关系曲线，如图 2-18 所示。

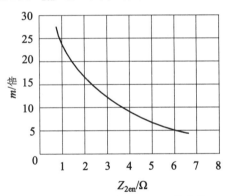

图 2-18　电流互感器 10%误差曲线

第三节　电流互感器二次回路

一、对电流互感器二次回路的要求

电流互感器二次回路应满足以下要求：

（1）电流互感器的接线方式应满足测量仪表、远动装置、继电保护和自动控制装置检测回路的具体要求。

（2）应有一个可靠的接地点，但不允许有多个接地点，否则会使继电保护拒绝动作或仪表测量不准确。

（3）当电流互感器二次回路需要切换时，应采取防止二次回路开路的措施。

（4）为保证电流互感器能在要求的准确级下运行，其二次负载阻抗不应大于允许负载阻抗。

（5）保证极性连接正确。

电流互感器同电压互感器一样，为防止电流互感器一、二次绕组之间绝缘损坏而被击穿时，高电压侵入二次回路危及人身和二次设备安全，在电流互感器二次侧必须有一个可靠的接地点。

前面已经讲过，电流互感器正常运行时，近似短路状态。一旦二次回路出现开路故障，在二次绕组两端，会出现危险的过电压对二次设备和人身安全造成很大的威胁。因此，运行中的电流互感器严禁二次回路开路。防止开路的措施通常有以下几种：

（1）电流互感器二次回路不允许装设熔断器。

（2）电流互感器二次回路一般不进行切换。当必须切换时，应有可靠的防止开路措施。

（3）继电保护与测量仪表一般不合用电流互感器。当必须合用时，测量仪表要经过中间变流器接入。

（4）对于已安装而尚未使用的电流互感器，必须将其二次绕组的端子短接并接地。

（5）电流互感器二次回路的端子应使用试验端子。

（6）电流互感器二次回路的连接导线应保证有足够的机械强度。

二、电流互感器的二次负载

电流互感器的二次负载指的是二次绕组所承担的容量，即负载功率。其计算式为

$$S_2 = U_2 I_2 = I_2^2 Z_2 \qquad (2-9)$$

式中　S_2——电流互感器二次负载功率，V·A；

　　　U_2——电流互感器二次工作电压，V；

　　　I_2——电流互感器二次工作电流，A；

　　　Z_2——电流互感器二次负载阻抗，Ω。

电流互感器二次工作电流 I_2 只随一次电流变化，而不随二次负载阻抗变化。因此，其容量 S_2 取决于 Z_2 的大小，通常把 Z_2 作为电流互感器的二次负载阻抗。Z_2 是二次绕组负载的总阻抗，包括测量仪表或继电保护（或远动或自动装置）电流线圈的阻抗 Z_{22}、连接导线阻抗 Z_{21} 和接触电阻 R 三部分。为了保证电流互感器能够在要求的准确级下运行，必须校验其实际二次负载阻抗是否小于允许值。校验的方法有两种：在设计阶段用计算法，在电流互感器投入前用实测法。

（一）计算法

电流互感器二次负载阻抗可用式（2-10）计算

$$Z_2 = K_1 Z_{21} + K_2 Z_{22} + R \tag{2-10}$$

式中　Z_{21}——连接导线阻抗，Ω；

　　　Z_{22}——测量仪表或继电器线圈阻抗，Ω；

　　　R——接触电阻，一般为 $0.05 \sim 0.1\ \Omega$；

　　　K_1、K_2——连接导线、继电器或测量仪表线圈阻抗换算系数，取决于电流互感器及负载的接线方式和一次回路的短路形式，可由表 2-1 查得。

下面分析图 2-19 所示三相电流互感器星形接线方式下，在三相、两相和单相短路故障时，二次负载阻抗和阻抗换算系数。

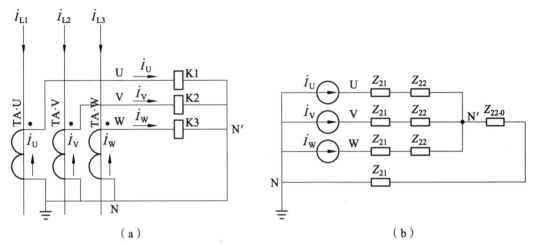

图 2-19　三个电流互感器的完全星形接线

1. 一次系统发生三相短路（或正常运行）

三相电流基本对称，中性线（N′与 N 连线）上无电流。所以，电流互感器 U 相二次电压为

$$U_U = I_U (Z_{21} + Z_{22})$$

即

$$Z_2^{(3)} = \frac{U_U}{I_U} = Z_{21} + Z_{22} \tag{2-11}$$

与式（2-10）比较可知：$K_1 = 1$，$K_2 = 1$。

2. 一次系统发生 L1、L2 两相短路

在忽略负载电流的情况下，有

$$\dot{I}_{L1} = -\dot{I}_{L2}, \dot{I}_{L3} = 0$$

则 $\dot{I}_U = -\dot{I}_V$，$\dot{I}_W = 0$，所以中性线电流为

$$\dot{I}_N = \dot{I}_U + \dot{I}_V + \dot{I}_W = 0$$

此时，L1、L2 两相电流互感器的二次绕组视为相互串联，因此

$$2\dot{U}_{U} = \dot{I}_{U}(Z_{21} + Z_{22} + Z_{21} + Z_{22}) = 2\dot{I}_{U}(Z_{21} + Z_{22})$$

即
$$Z_2^{(2)} = \frac{\dot{U}_{U}}{\dot{I}_{U}} = Z_{21} + Z_{22} \tag{2-12}$$

与式（2-10）比较可知：$K_1 = 1$，$K_2 = 1$。

3. 110 kV 及以上中性点直接接地系统发生 L1 相单相接地短路

在忽略负载电流的情况下，有

$$\dot{I}_{V} = \dot{I}_{W} = 0$$

则中性线电流 $\dot{I}_{N}$ 等于 $\dot{I}_{U}$，因此

$$\dot{U}_{U} = \dot{I}_{U}(Z_{21} + Z_{22}) + \dot{I}_{N}(Z_{21} + Z_{22 \cdot 0})$$
$$= \dot{I}_{U}(Z_{22} + Z_{22 \cdot 0} + 2Z_{21})$$

式中　$Z_{22 \cdot 0}$——接于中性线上的负载阻抗，Ω。

其他符号意义同前。

若 $Z_{22} \gg Z_{22 \cdot 0}$，有

$$Z_{22} + Z_{22 \cdot 0} \approx Z_{22}$$

则
$$\dot{U}_{U} = \dot{I}_{U}(Z_{22} + 2Z_{21})$$

即
$$Z_2^{(1)} = \frac{\dot{U}_{U}}{\dot{I}_{U}} = 2Z_{21} + Z_{22} \tag{2-13}$$

与式（2-10）比较可知：$K_1 = 2$，$K_2 = 1$。

可见，这种接线方式在一次回路发生单相接地短路时，二次负载阻抗最大，与表 2-1 的计算结果一致。

通过上述分析可知，其他接线方式的电流互感器阻抗换算系数 K_1、K_2 和二次负载阻抗均可直接采用表 2-1 中的公式和系数进行计算。

（二）实测法

实测法通常采用电流电压法实测二次负载阻抗，再按表 2-1 所示公式和系数，计算出每相电流互感器的二次最大负载阻抗 Z_2。

1. 三相星形接线方式

将电流互感器二次绕组的引出端拆开，分别从 U—N、V—N、W—N 向负载回路通入交流相电流 I_p（一般不超过额定值），并测取相应的外加电压 U_{UN}、U_{VN}、U_{WN}。如果通入电流大小相等且二次负载回路三相对称，则

$$U_{UN} = U_{VN} = U_{WN} = U_P$$

实测法与电流互感器的接线方式有关。

表 2-1　电流互感器二次负载阻抗计算公式

序号	接线方式	运行状态		阻抗换算系数		二次负载阻抗 Z_2	接线系数 K_{co}
				K_1	K_2		
1	三相星形	正常及三相、两相短路		1	1	$Z_2 = Z_{21} + Z_{22} + R$	1
		单相短路		2	1	$Z_2^{**} = 2Z_{21} + Z_{22} + R$	1
2	两相星形	正常及三相短路	$Z_{22\cdot0} = 0$	$\sqrt{3}$	1	$Z_2 = \sqrt{3}Z_{21} + Z_{22} + R$	1
			$Z_{22\cdot0} \neq 0$	$\sqrt{3}$	$\sqrt{3}$	$Z_2^* = \sqrt{3}Z_{21} + \sqrt{3}Z_{22} + R$	1
		L1、L3 两相短路		1	1	$Z_2 = Z_{21} + Z_{22} + R$	1
		L1、L2 或 L2、L3 两相短路	$Z_{22\cdot0} = 0$	2	1	$Z_2 = 2Z_{21} + Z_{22} + R$	1
			$Z_{22\cdot0} \neq 0$	2	2	$Z_2^* = 2Z_{21} + 2Z_{22} + R$	1
3	两相差接	正常及三相短路		$2\sqrt{3}$	$\sqrt{3}$	$Z_2 = 2\sqrt{3}Z_{21} + \sqrt{3}Z_{22} + R$	$\sqrt{3}$
		L1、L3 两相短路		4	2	$Z_2 = 4Z_{21} + 2Z_{22} + R$	2
		L1、L2 或 L2、L3 两相短路		2	1	$Z_2 = 2Z_{21} + Z_{22} + R$	1
4	三相三角形	正常及三相短路		3	3	$Z_2 = 3Z_{21} + 3Z_{22} + R$	$\sqrt{3}$
		两相短路		3	3	$Z_2 = 3Z_{21} + 3Z_{22} + R$	1
		单相或两相接地短路		2	2	$Z_2 = 2Z_{21} + 2Z_{22} + R$	1
5	单相单电流互感器	正常及短路		2	1	$Z_2 = 2Z_{21} + Z_{22} + R$	1
6	单相两电流互感器串联	正常及短路		1	$\dfrac{1}{2}$	$Z_2 = Z_{21} + \dfrac{1}{2}Z_{22} + R$	$\dfrac{1}{2}$
7	单相两电流互感器并联	正常及短路		4	2	$Z_2 = 4Z_{21} + 2Z_{22} + R$	2

注：* 将 $Z_{22} + Z_{22\cdot0}$ 作为等值 Z_{22} 计算；

　　** 110 kV 及以上中性点直接接地系统的单相短路与此相同。

每相负载的实测阻抗为

$$Z_P = \frac{U_P}{I_P} = 2Z_{21} + Z_{22} + Z_{22\cdot0} \quad\quad (2\text{-}14)$$

由表 2-1 可知：三相星形接线方式下，在一次回路发生单相短路时，二次负载阻抗最大，其算式与式（2-14）相同，即

$$Z_2^{(1)} = 2Z_{21} + Z_{22} + Z_{22\cdot0} \quad\quad (2\text{-}15)$$

可见，对于三相星形接线的电流互感器，其二次负载阻抗最大值 $Z_2^{(1)}$ 等于实测阻抗 Z_P。

2. 三相三角形接线方式

分别在电流互感器一次侧 L1—L2、L2—L3、L3—L1 端通入试验（交流）电流（需将一次侧的另一端的两个端子短接），其试验电流不能超过额定值，分别测出二次侧电流 I 和相应

的感应电压 U_{UV}、U_{VW}、U_{WU}。当二次侧三相负载不对称时，应根据每次测得的电压与电流值求得

$$Z_{UV} = \frac{U_{UV}}{I}, \quad Z_{VW} = \frac{U_{VW}}{I}, \quad \frac{Z_{WU}}{I} = \frac{U_{WU}}{I}$$

由于二次负载的阻抗角相差不大，可以假定 Z_{UV}、Z_{VW}、Z_{WU} 的阻抗角相等，再换算出各相阻抗为

$$\left. \begin{array}{l} Z_U = \dfrac{1}{2}(Z_{UV} + Z_{WU} - Z_{VW}) \\[2mm] Z_V = \dfrac{1}{2}(Z_{UV} + Z_{VW} - Z_{WU}) \\[2mm] Z_W = \dfrac{1}{2}(Z_{VW} + Z_{WU} - Z_{UV}) \end{array} \right\} \qquad (2\text{-}16)$$

在每次计算出来的三相阻抗 Z_U、Z_V、Z_W 中，取其最大者作为每相负载的实测阻抗 Z_p。由表 2-1 可知：三角形接线方式下，在一次回路发生三相短路时，二次负载阻抗最大，则每个电流互感器负担的二次最大负载阻抗为

$$Z_2^{(3)} = 3Z_p \qquad (2\text{-}17)$$

可见，对于三相三角形接线的电流互感器，二次负载阻抗最大值 $Z_2^{(3)}$ 是实测阻抗 Z_p 的 3 倍。

对于其他接线方式的电流互感器，均可参照上述方法进行实测，这里不再赘述。

（三）校验计算

校验电流互感器二次负载阻抗（或电流互感器误差校验）时，应根据电流互感器的不同用途进行。

（1）测量仪表用的电流互感器二次负载阻抗。要求在正常运行时不应大于该准确级下的二次额定负载阻抗，即

$$Z_2 \leqslant Z_{2N} \quad \text{或} \quad S_2 \leqslant S_{2N} \qquad (2\text{-}18)$$

式中　Z_{2N}——电流互感器二次额定负载阻抗，Ω；

　　　S_{2N}——电流互感器二次额定容量，$V \cdot A$。

测量仪表用的电流互感器二次负载阻抗 Z_2 计算式与式（2-10）类似，即

$$Z_2 = K_1 Z_{21} + K_1 Z_{23} + R \qquad (2\text{-}19)$$

式中　Z_{23}——测量仪表线圈阻抗，Ω；

　　　K_1、K_2——阻抗换算系数，取表 2-1 中正常状态下的值。

　　　Z_{21} 及 R 意义同前。

按式（2-19）计算出的 Z_2 若满足式（2-18），则表明电流互感器能在要求的准确级下运行，即校验满足要求。

（2）继电保护用的电流互感器的二次负载阻抗。按电流互感器的 10%误差曲线进行校验，即

$$Z_2 \leqslant Z_{2en} \tag{2-20}$$

二次允许负载阻抗 Z_{2en} 由电流互感器的 10%误差曲线确定。为查 10%曲线，首先要确定短路时一次电流倍数 m，即

$$m = \frac{KI_1}{I_{1N}} \tag{2-21}$$

式中　K——可靠系数；

　　　I_1——流过电流互感器一次绕组的短路电流；

　　　I_{1N}——电流互感器一次额定电流。

可靠系数 K 和短路电流 I_1 与保护方式有关，已在继电保护课程中讲述。

在所选用的电流互感器的 10%误差曲线（见图 2-18）上找出与 m 相对应的二次允许负载阻抗 Z_{2en} 值。

继电保护用的电流互感器二次负载阻抗 Z_2 计算式与式（2-10）类似，即

$$Z_2 = K_1 Z_{21} + K_2 Z_{24} + R \tag{2-22}$$

$$Z_{24} = \frac{P}{I_2^2}$$

式中　Z_{24}——继电器阻抗，Ω；

　　　P——继电器在最低整定值时消耗的总功率，可由手册或产品样本查得；

　　　I_2——继电器在最低整定值时的动作电流；

　　　K_1、K_2——阻抗换算系数，取表 2-1 中在故障状态下的最大值。

按式（2-22）计算出的 Z_2 满足式（2-20）时，则校验结果满足要求；若不满足要求时，可根据具体情况采取以下措施：

（1）增加连接导线的截面积。

（2）将同一电流互感器的两个二次绕组串联起来使用。

（3）将电流互感器的两相 V 形接线改为三相星形接线，差电流接线改为两相 V 形接线。

（4）选用二次允许负载阻抗较大的电流互感器。

（5）采用二次额定电流小的电流互感器或消耗功率小的继电器等。

复习思考题

1. 运行中的电压互感器二次绕组不允许_____，电流互感器二次绕组不允许_____。

2. 电力系统常用电流互感器的准确度有_____。

3. 电流互感器的接线方式_____、_____、_____、_____；电压互感器的接线方式根据_____决定。

4. 电流互感器二次侧额定相电流为_____、_____、_____。

5. 常用电压互感器有_____、_____、_____。

6. 电压互感器二次侧的接地方式_____、_____。

7. 电压互感器二次侧额定线电压为_____，额定相电压_____；35 kV 及以下中性点不直接接地系统为_____，110 kV 及以上中性点直接接地系统为_____。

8. 电压互感器和电流互感器二次侧为什么要接地？电压互感器二次接地的方式有几种？

9. 对电流互感器、电压互感器二次回路应满足什么要求？

测量回路是发电厂及变电站二次回路的重要组成部分，它反映电气测量仪表电压、电流的接入方式。电气测量仪表的选择应符合 GB/T 50063—2017《电力装置电测量仪表装置设计规范》规定，以满足电力系统和电气设备安全运行的需要。

在发电厂及变电站中，运行人员必须依靠测量仪表了解电力系统的运行状态，监视电气设备的运行参数。电气设备和线路的运行参数，主要有电流、电压、功率、电能、温度等，相应的仪表有电流、电压表、功率表、电能表、互感器等。

第一节 功率的测量回路

功率分为有功功率和无功功率。从测量的角度看，功率分为单相功率和三相功率，三相功率又分为三相三线功率和三相四线功率。

功率的测量，在直流电路中应能反映被测电路电压和电流的乘积；在交流电路中，除了这个乘积外，还需要反映被测电路的功率因数，即电路电压和电流之间的相位差余弦 $\cos\varphi$。

功率的接法分直接接入和经互感器接入两种。

一、三相有功功率的测量

1. 二表法

三相三线制供电系统中，不论三相负载是否对称，也不论负载是 Y 接还是 △ 接，都可用二表法测量三相负载的总有功功率。测量线路如图 3-1 所示。若负载为感性或容性，且当相位差 $\varphi > 60°$ 时，线路中的一只功率表指针将反偏（数字式功率表将出现负读数），这时应将功率表电流线圈的两个端子调换（不能调换电压线圈端子），其读数应记为负值。而三相总功率为

$$\sum P = P_1 + P_2 \quad (P_1 、 P_2 \text{本身不含任何意义})$$

除图 3-1 中的 I_A、U_{AC} 与 I_B、U_{BC} 接法外，还有 I_B、U_{BA} 与 I_C、U_{CA} 以及 I_A、U_{AB} 与 I_C、U_{CB} 两种接法。

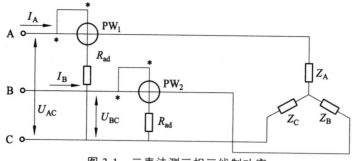

图 3-1　二表法测三相三线制功率

2. 三表法

三相四线的负载一般是不对称的，此时可以用三只功率表分别测出三相的每一相功率，被测三相负载的总有功功率为三表读数之和，即

$$P_\Sigma = P_1 + P_2 + P_3$$

测量线路如图 3-2 所示。

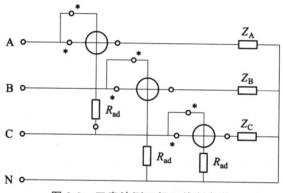

图 3-2　三表法测三相四线制负载

二、三相无功功率的测量

交流电路的无功功率也可以用有功功率表测量。在实际的三相电路中，其负载往往不对称。常用的方法就是用三只有功功率表测量无功功率。只要把三个表的读数相加后除以 $\sqrt{3}$，就可以得到三相电路总的无功功率。这一结论对于三相三线制和三相四线制均适用。测量线路如图 3-3 所示。

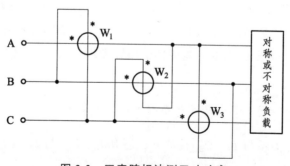

图 3-3　三表跨相法测无功功率

三、功率表经互感器接入测量三相功率

用两元件三相功率表测量回路三相功率是工程上常用的方法。图 3-4 所示电压、电流都经过互感器接入的两元件三相功率表测量三相功率。图 3-4（a）采用 VV 电压互感器进行电压变换，适用于 35 kV 及以下电压等级；图 3-4（b）采用三相星形接线电压互感器进行电压变换，适用于各电压等级。

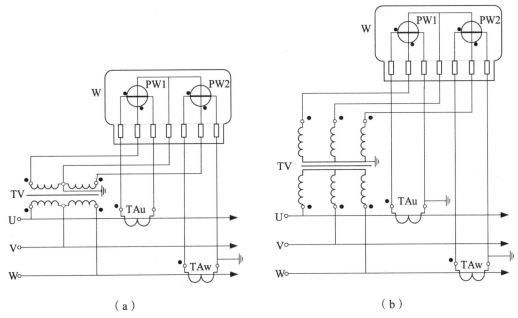

（a）　　　　　　　　　　　　　（b）

图 3-4　经电流、电压互感器接入的两元件三相功率表接线图

第二节　电能的测量回路

电能表是将功率与小段时间乘积累计起来的仪表。电能表分为单相电能表和三相电能表。三相电能表又分为三相有功电能表和三相无功电能表。

一、有功电能的测量

有功电能的测量，其接线方式和有功功率测量一样，有一表法、两表法和三表法。电力系统中三相电能的测量多采用三相电能表，按两元件和三元件的结构分，两元件实际上就是两个单相电能表，三元件实际上就是三个单相电能表的组合，但在同一个转轴上，它的读数直接反映了三相所消耗的电能。

由于有功电能表的接线方式和有功功率表接线相同，这里不再赘述。

二、无功电能的测量

三相电路通常采用三相无功电能表测量，常见的类型是带有附加电流线圈的三相无功电能表（DX1 型），既可用于三相三线制电路，又可用于三相四线制电路。

带有附加电流线圈的三相无功电能表的内部结构：每一个电流元件的铁心上除了基本线圈 1 外，还装有与基本线圈匝数相同的附加线圈 2，并将两组电磁元件中的附加线圈串联起来接入没有基本线圈中的一相电路中。测量线路如图 3-5 所示。

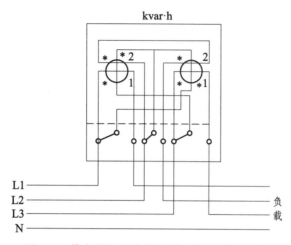

图 3-5　带有附加电流线圈的三相无功电能表

三相电能表通常用于电力系统或工农业生产中，其被测电流和电压都比较大，因此三相电能表常与互感器配合来完成测量任务。图 3-6 是 DS2 型有功电能表和 DX2 型无功电能表通过互感器接入三相电路的接线图。

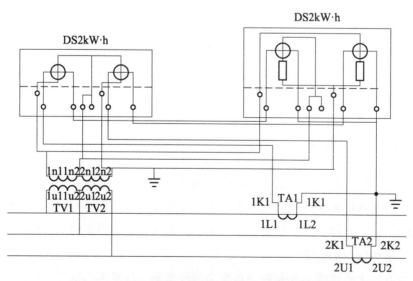

图 3-6　三相有功和无功电能表与互感器的联合接线

第三节　仪表的准确级、选择及配置

一、测量仪表准确度等级的选择

仪表准确度等级越高（即等级的数值越小），其测量结果越准确。但是，仪表准确度越高，价格越贵，维修越麻烦。所以，仪表准确度等级应根据被测对象的要求确定，并应与互感器准确度等级相配合。

仪表准确度等级和与其连接的互感器的准确度等级应符合下列要求：

（1）仪表准确度等级。用于发电机和调相机上的交流仪表，不应低于 1.5 级；用于馈线和其他设备上的交流仪表，不应低于 2.5 级；直流仪表，不应低于 1.5 级。

（2）与仪表连接的互感器的准确度等级。仅用来测量电流或电压时，1.5 级和 2.5 级的仪表选用 1.0 级互感器；2.5 级的电流表选用 3.0 级电流互感器。

（3）与仪表连接的分流器、附加电阻的准确度等级，不应低于 0.5 级。

二、仪表测量范围的选择

仪表测量结果的准确程度不仅与仪表准确度等级有关，还与其测量范围有关。所以，仪表选用适当的测量范围，才能达到测量的准确度。如果仪表的测量范围比被测数值大很多，其测量误差将会很大。

仪表的测量范围与互感器相配合使用时，应满足下列要求：

（1）应尽量保证电气设备在正常运行时，仪表指示在量限的 2/3 以上，并考虑过负载运行时，要有适当的指示。

（2）对于启动电流大且时间长的电动机，或在运行过程中可能出现较大电流的电动机，一般应装有过负载标度的电流表。

（3）对于有可能出现两个方向电流的直流回路，或两个方向功率的交流回路，应装设双向标度的电流表或功率表。

（4）对于远离电流互感器的测量仪表，可选用二次电流为 1 A 的仪表和互感器。

三、测量仪表的配置

在发电厂及变电站中，电气测量仪表配置的原则应符合 GB/T 50063—2017《电力装置电测量仪表装置设计规范》的规定。

这里以电压表为例，简要介绍其基本配置原则。

（1）在下列回路中，应装设直流电压表：① 同步发电机和发电/电动机的励磁回路，相应的自动及手动调整励磁的输出回路；② 同步电动机的励磁回路；③ 直流发电机回路；④ 直流系统的主母线，蓄电池组、充电及浮充电整流装置的直流输出回路；⑤ 重要电力整流装置的输出回路；⑥ 光伏发电各汇流箱的汇流母线。

（2）在下列回路中，应装设交流电压表：① 同步发电机和发电/电动机的定子回路；② 各电压等级的交流主母线；③ 电力系统联络线（线路侧）；④ 需要测量电压的其他回路。

复习思考题

1. 功率的接法分直接接入和经互感器接入两种。

2. 有功功率测量方法有_____、_____、_____。

3. 电气测量仪表的测量范围应如何选择？

4. 如何选择测量仪表的准确度等级？

5. 简述功率或电能测量的"电源端"守则。

第四章 操作电源

第一节 操作电源概述

操作电源为控制、信号、测量回路及继电保护装置、自动装置和断路器的操作等提供可靠的工作电源。在发电厂和变电站中主要采用直流操作电源。

一、对操作电源的基本要求

（1）应保证供电的可靠性，最好装设独立的直流操作电源，以免交流系统故障时，影响操作电源的正常供电。

（2）应具有足够的容量，以保证正常运行时，操作电源母线（以下简称母线）电压波动范围小于 ±5% 额定值；事故时母线电压不低于 90% 的额定值；失去浮充电源时，在最大负载下的直流电压不低于 80% 的额定值。

（3）电压波纹系数小于 5%。

（4）使用寿命、维护工作量、设备投资、布置面积等应合理。

二、操作电源的分类

按电源性质分，发电厂和变电站的操作电源可分为交流操作电源和直流操作电源。直流操作电源又分为独立和非独立操作电源两种。独立操作电源分为蓄电池和电源变换式直流操作电源两种。非独立操作电源分为复式整流和硅整流电容储能直流操作电源两种。其电压等级分为 220 V、110 V、48 V 和 24 V。

（一）直流操作电源

1. 蓄电池直流操作电源

蓄电池是一种可以重复使用的化学电源，充电时，将电能转换为化学能储存起来；放电时，又将储存的化学能转换成电能送出。若干个蓄电池连接成的蓄电池组（以下简称蓄电池），常作为发电厂和变电站的直流操作电源。蓄电池是一种独立可靠的直流电源，它不受交流电源的影响，即使在全厂（站）交流系统全部停电的情况下，仍能在一定时间内可靠供电。它是发电厂和变电站常用的操作电源。对于供电可靠性要求很高的大型枢纽变电站（220 kV 及以上电压等级的变电站），宜采用 220 V 的蓄电池组直流操作电源。

2. 电源变换式直流操作电源

电源变换式直流操作电源是一种独立式直流操作电源，其框图如图4-1所示。

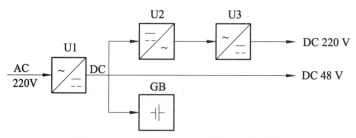

图 4-1   电源变换式直流操作电源框图

电源变换式直流操作电源由可控整流装置 U1、48 V 蓄电池 GB、逆变装置 U2 和整流装置 U3 组成。正常运行时，220 V 交流电源经过可控整流装置 U1 变换为 48 V 的直流电源，作为全厂（站）的 48 V 直流操作电源，并对 48 V 蓄电池 GB 进行充电或浮充电；同时 48 V 直流电源经过逆变装置 U2 变换为交流电源，再通过整流装置 U3 变换为 220 V 直流操作电源输出。事故情况下，电源逆变装置 U2 能利用蓄电池 GB 储存的电能进行逆变，确保向重要直流负载的连续供电，供电时间长短取决于 48 V 蓄电池容量，其容量必须经过计算来确定（可参考有关书籍）。

可见，这种直流电源能够提供 220 V 和 48 V 两个电压等级的操作电源，为中、小型变电站的弱电控制提供了方便。

3. 复式整流直流操作电源

复式整流直流操作电源是一种非独立式的直流电源，其框图如图4-2所示。

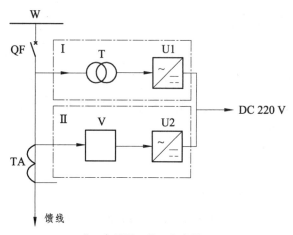

Ⅰ—电压源；Ⅱ—电流源。

图 4-2   复式整流直流操作电源框图

它是一种复式整流装置，其整流装置不仅由厂（站）用变压器 T 供电，还由电流互感器 TA 供电。在正常运行情况下，由厂（站）用变压器 T 的输出电压（电压源Ⅰ）经整流装置 U1 提供控制电源。在事故情况下，由电流互感器 TA 的二次电流（电流源Ⅱ），通过铁磁谐振稳压器 V 变换为交流电压，经整流装置 U2 提供操作电源。电流源与一次回路的短路电流及电流互感器的输出容量有关，因此选择电流源时，要通过详细计算才能确定。其具体计算方法可参考有关书籍，这里不再赘述。

复式整流直流操作电源可用于线路较多、继电保护较复杂、容量较大的变电站。但目前专门生产复式整流装置的制造厂极少，多为电力企业自制或委托整流器厂制造。

4. 硅整流电容储能直流操作电源

硅整流电容储能直流操作电源是一种非独立的直流操作电源。它由硅整流设备和电容器组成（见图 4-12）。在正常运行时，厂（站）用变压器的输出电压经硅整流设备变换为直流电源，作为电容器充电电源和全厂（站）的操作电源。在事故情况下，可利用电容器正常运行时存储的电能，向重要直流负载（继电保护、自动装置和断路器跳闸回路）供电。由于储能电容器容量的限制，事故时只能短时间向重要直流负载供电，所以很难满足一次系统和继电保护复杂的发电厂和变电站对直流操作电源的要求。因此，它只适用于 35 kV 及以下电压等级的小容量变电站，或用于继电保护较简单的 110 kV 及以下电压等级的终端变电站。发电厂远离主厂房的辅助设施，如水源地、二次灰浆泵房等的直流负载，常采用这种直流操作电源供电。

（二）交流操作电源

交流操作电源直接使用交流电源。一般由电流互感器向断路器的跳闸回路供电，由厂（站）用变压器向断路器的合闸回路供电，由电压互感器（或厂用变压器）向控制、信号回路供电。

这种操作电源接线简单，维护方便，投资少，但其技术性能不能满足大、中型发电厂和变电站的要求。因此，它只适用于不重要的终端变电站，或用于发电厂中远离主厂房的辅助设施。

三、直流负载的分类

发电厂和变电站的直流负载，按其用电特性可分为经常性负载、事故负载和冲击负载三种。

1. 经常性负载

经常性负载是在各种运行状态下，由直流电源不间断供电的负载。它包括：

（1）经常带电的直流继电器、信号灯、位置指示器和经常点燃的直流照明灯。

（2）由直流供电的交流不停电电源，即逆变电源装置。

（3）为弱电控制提供的弱电电源变换装置。

2. 事故负载

事故负载是指在事故情况下必须由直流电源供电的负载，包括事故照明、汽轮机或一些重要辅助机械的润滑油泵、发电机的氢冷密封油泵和载波通信的备用电源等。

3. 冲击负载

冲击负载是指断路器合闸时的短时冲击电流及此时直流母线所承受的其他负载（包括经常性负载和事故负载）电流的总和。

第二节　蓄电池直流系统

蓄电池按其电解液不同可分为酸性蓄电池和碱性蓄电池两种。

酸性蓄电池常采用铅酸蓄电池。铅酸蓄电池端电压较高（2.15 V），冲击放电电流较大，适用于断路器跳、合闸的冲击负载。但是酸性蓄电池寿命短，充电时逸出有害的硫酸气体。因此，蓄电池室需设较复杂的防酸和防爆设施。酸性蓄电池一般适用于大型发电厂和变电站。

碱性蓄电池体积小，寿命长，维护方便，无酸气腐蚀，但事故放电电流较小，适用于中、小型发电厂和110 kV以下的变电站。碱性蓄电池有铁镍、镉镍等几种。发电厂和变电站常采用镉镍碱性蓄电池。

一、蓄电池的容量

蓄电池的容量（Q）是蓄电池蓄电能力的重要参数。蓄电池的容量是指在指定的放电条件（温度、放电电流、终止电压）下所放出的电量，单位用 A·h（安培·时）表示。

蓄电池的容量一般分为额定容量和实际容量两种。

1. 额定容量

额定容量是指充足电的蓄电池在 25 ℃ 时，以 10 h 放电率放出的电能，即

$$Q_N = I_N t_N$$

式中　Q_N——蓄电池的额定容量，A·h；

I_N——额定放电电流，即 10 h 放电率的放电电流，A；

t_N——放电至终止电压的时间，一般取 $t_N = 10$ h。

2. 实际容量

蓄电池的实际容量与温度、放电电流、电解液的密度及质量、充电程度等因素有关。其实际容量为

$$Q = It$$

式中　Q——蓄电池的实际容量，即放电电流为 I 时的容量，A·h；

I——非 10 h 放电率的放电电流，A；

T——放电至终止电压的时间，h。

蓄电池实际容量与放电电流的大小关系甚大，以大电流放电，到达终止电压的时间就短；以小电流放电，到达终止电压的时间就长。通常用放电率来表示放电至终止电压的快慢。放电率可用放电电流表示，也可用放电到终止电压的时间来表示。

例如，额定容量为 216 A·h 的蓄电池，若用电流表示放电率，则为 21.6 A 放电率；若用时间表示，则为 10 h 放电率。如果放电电流大于 21.6 A，则放电时间就小于 10 h，而放出

的容量就要小于额定容量。假设以 2 h 放电率放电，达到终止电压所放出的容量只有额定容量的 60%，即 130 A·h 左右，这是因为极板的有效物质很快形成了硫酸铅，堵塞了极板的细孔，因而细孔深处的有效物质就失去了与电解液进行化学反应的机会，使蓄电池的内阻很快增大，端电压很快降低到终止电压。相反，若放电电流小于 21.6 A，则放电时间就大于 10 h，此时放出的容量就允许大于额定容量。

蓄电池不允许用过大的电流放电，但是可以在几秒钟的短时间内承担冲击电流，此电流可以比长期放电电流大得多。因此，它可作为电磁型操作机构的合闸电源。每一种蓄电池都有其允许的最大放电电流值，其允许的放电时间约为 5 s。

二、蓄电池的直流系统及其运行方式

（一）蓄电池直流系统

蓄电池直流系统由充电设备、蓄电池组、浮充电设备和相关的开关及测量仪表组成，如图 4-3 所示。

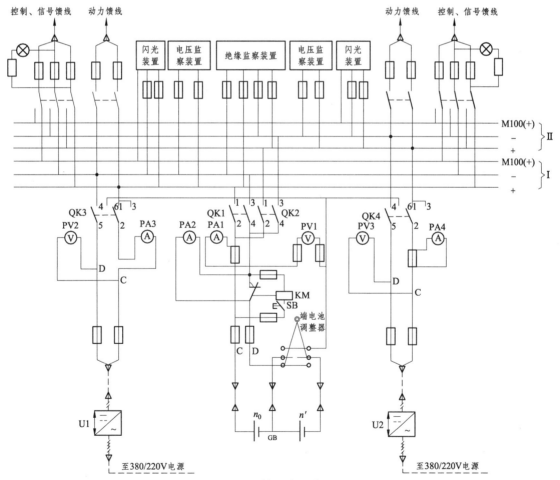

图 4-3　蓄电池直流系统

图 4-3 中，硅整流器 U1 为充电设备。它在充电过程中，除了可向蓄电池组提供电源外，还可以担负母线上的全部直流负载。在整流器 U1 回路中装有双投开关 QK3，以便使整流器 U1 既可对蓄电池进行充电（触点 2-3、5-6 接通），也可以直接接入母线上，接带直流负载（触点 1-2、4-5 接通）。在其出口回路中，装有电压表 PV2 和电流表 PA3，用以监视端电压和充电电流。为了便于蓄电池放电，整流器 U1 宜采用能实现逆变的整流装置。

整流器 U2 为浮充电设备，它在浮充电过程中，除了接带母线上的经常性直流负载外，同时以不大的电流（其值约等于 $0.03Q_N/36\,A$）向蓄电池浮充电，用以补偿蓄电池的自放电损耗，使蓄电池经常处于充满电状态。在整流器 U2 回路中装有双投开关 QK4，以便使整流器 U2 既可接入母线（触点 1-2、4-5 接通），接带母线上经常性直流负载和向蓄电池浮充电，又可以对蓄电池进行充电（其触点 2-3、5-6 接通）。在其出口回路装有电压表 PV3 和电流表 PA4，用以监视端电压和浮充电流。

蓄电池回路中装有两组开关 QK1、QK2，熔断器，两只电流表 PA1、PA2 和一只电压表 PV1。QK1 和 QK2 可以将蓄电池切换至任一组直流母线上运行。熔断器作为短路保护。电流表 PA1 为双向电流表，用以监视充电和放电电流。电流表 PA2 用来测量浮充电电流，正常时被短接，测量时，可利用按钮 SB 使接触器 KM 的常闭触点断开后测读。电压表 PV1 用来监视蓄电池端电压。

蓄电池组 GB 由不参加调节的基本（固定）蓄电池（n_0）和参加调节的端电池（n'）两部分组成。采用端电池的目的是调节蓄电池的接入数目，以保证母线电压稳定。端电池通过端电池调整器进行调节。手动端电池调整器的工作原理如图 4-4 所示。

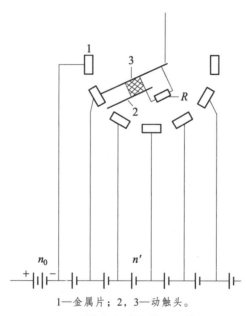

1—金属片；2，3—动触头。

图 4-4　手动端电池调节器工作原理

图 4-4 中，有一排相互绝缘的固定金属片 1，它分别连接到端电池的端子上。放电手柄 S1 和充电手柄 S2（见图 4-5），分别带动两个可动触头 2 和 3，以免在调整过程中，当可动触头由一个金属片移至另一个金属片时，造成回路开路（即在调整过程中，先使触头 2 和 3 跨

接在相邻的两个金属片上，并通过电阻 R 连接，然后再断开触头 2，完成一次调节）。端电池调整器可以手动控制，也可以用电动机远方控制，一般采用电动机远方控制。

图 4-3 所示的蓄电池直流系统采用了双母线系统，供电可靠性较高，一般适用于中、小型发电厂。对于大型发电厂，往往采用两组 220 V 蓄电池，每组蓄电池分别连接在一组母线上，浮充电设备也采用两套，充电设备可公用一套。

每组母线上各装有一套电压监察装置和闪光装置，而绝缘监察装置的表计部分为两组母线公用；信号部分各母线单独使用一套。负载馈线的数目可根据需要决定。

蓄电池的运行方式有充电-放电方式和浮充电方式两种，其中以浮充电方式应用得最为广泛。

（二）蓄电池的运行方式

1. 充电-放电运行方式

充电-放电运行方式就是将已充好电的蓄电池接带全部直流负载，即正常运行时处于放电工作状态，如图 4-5 所示。为了保证操作电源供电的可靠性，当蓄电池放电到一定程度后，应及时进行充电，故称之为充电-放电运行方式。通常，每运行 1~2 昼夜就要充电一次。可见，充电-放电运行方式操作频繁，蓄电池容易老化，极板也容易损坏。所以，这种运行方式很少采用。

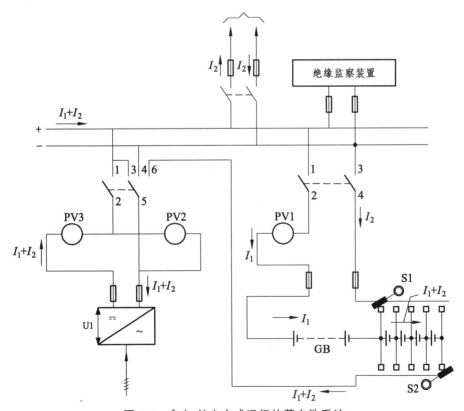

图 4-5　充电-放电方式运行的蓄电池系统

放电手柄 S1 的作用是在蓄电池端电压变化时，调整端电池的接入数目，用以维持直流母线工作电压。充电手柄 S2 的作用是在充电时，将已充好电的端电池提前停止充电。

蓄电池放电的最初阶段，放电手柄 S1 处于最左（即端电池和基本电池之间）位置，双投开关 QK3 处于断开（其触点 1-2、2-3、4-5、5-6 均断开）位置，QK1 处于接通（其触点 1-2 和 3-4 接通）位置，则蓄电池接入母线，接带直流负载。

在放电过程中，蓄电池的端电压要降低，为了保持母线电压恒定，要经常将放电手柄 S1 向右移动，用以增加蓄电池接入母线的数目。

当蓄电池放电至终止电压，放电手柄 S1 移到最右端，将全部蓄电池（包括基本电池和端电池）都接入，以保证母线电压。所以，对于额定电压为 220 V 的蓄电池，全部蓄电池的个数 n 有以下两种计算方法。

发电厂 $\qquad n = \dfrac{U_{\mathrm{m}}}{U_1} = \dfrac{230}{1.75} = 131$（个）

变电站 $\qquad n = \dfrac{U_{\mathrm{m}}}{U_1} = \dfrac{230}{1.95} = 118$（个）

式中　n——蓄电池总数；

$\qquad U_{\mathrm{m}}$——直流母线电压，220 V 直流系统 U_{m} 为 230 V，110 V 直流系统 U_{m} 为 115 V；

$\qquad U_1$——放电末期每个蓄电池的电压，发电厂 U_1 为 1.75～1.8 V，变电站 U_1 为 1.95 V。

由于交流系统可能在蓄电池任何放电程度下发生故障，为了保证直流系统供电的可靠性，在蓄电池放电到额定电压的 75%～80%（未放电至终止电压）时就应停止放电，准备充电。

准备充电时，放电手柄 S1 已处于最右边位置，全部蓄电池都接入工作，同时将充电手柄 S2 也放在最右边位置，让全部蓄电池都能得到充电。

充电开始，首先将双投开关 QK3 合至充电位置（即触点 2-3 和 5-6 接通），QK1 仍处于合闸位置，然后启动整流器 U1，使其端电压略高于母线电压 1～2 V，使整流器 U1 与蓄电池并联运行。稍微提高整流器 U1 端电压的目的是使整流器 U1 接带母线上的全部负载（全部负载电流为 I_2），同时还向蓄电池充电（充电电流为 I_1）。

在充电过程中，随着充电的进行，蓄电池端电压逐渐上升，充电电流 I_1 逐渐减少，为了维持恒定的充电电流，需不断地提高整流器 U1 的端电压；又为了保持母线的正常工作电压，必须将放电手柄 S1 向左逐渐移动，用以减少接入母线上的蓄电池数目。放电手柄 S1 左移后，使流过接入两个手柄之间的端电池的充电电流增大为 $I_1 + I_2$（参照图 4-5），而且这部分端电池接入放电时间较迟，放电较少，因此它们先充好电。为了防止端电池过充电，在充电过程中应将充电手柄 S2 逐渐向左移动，将充好电的端电池提前停止充电。

充电终止，每个蓄电池的端电压约为 2.7 V，放电手柄 S1 已移到最左位置，此时接入母线上的蓄电池就是不参加调节的基本电池，对于额定电压为 220 V 的蓄电池，基本电池的数目为

$$n_0 = \frac{U_{\mathrm{m}}}{U_2} = \frac{230}{2.7} = 85$$

式中　n_0——基本电池数，个；

$\qquad U_2$——充电结束每个电池的电压，一般为 2.7 V。

端电池数目（n'）的计算方法如下：

发电厂　　　$n' = 130 - 85 = 45$（个）

变电站　　　$n' = 118 - 85 = 33$（个）

2. 浮充电运行方式

浮充电运行方式就是将充好电的蓄电池 GB 与浮充电整流器 U2 并联运行，即整流器 U2 接带母线上的经常性负载，同时向蓄电池浮充电，使蓄电池经常处于充满电状态，以承担短时的冲击负载。浮充电运行方式既提高了直流系统供电的可靠性，又提高了蓄电的使用寿命，所以得到了广泛应用。

浮充电运行方式可用图 4-3 所示系统来说明。正常运行（即浮充电状态）时，开关 QK1 和 QK2 处于合闸位置（1-2、3-4 接通），QK4 置正常（1-2、4-5 接通）位置，使蓄电池经常处于充满电状态。此时整流器 U2 与蓄电池并联运行，由于蓄电池自身内阻很小，外特性 $U = f(I_L)$ 比整流器 U2 的外特性平坦得多，因此在很大冲击电流情况下，母线电压虽有些下降，但绝大部分电流由蓄电池供给。此外，当交流系统发生故障或整流器 U2 断开的情况下，蓄电池将转入放电状态运行，承担全部直流负载，直到交流电压恢复。蓄电池一般应由充电设备预先充好电，再将浮充整流器 U2 投入运行，才能转入正常的浮充电状态。

可见，蓄电池按浮充电方式运行，大大减少了充电次数。除了由于交流系统或浮充电整流器 U2 发生故障，蓄电池转入放电状态运行后，需要进行正常充电外，平时每个月只进行一次充电，每三个月进行一次核对性放电，放出额定容量的 50% ~ 60%，终期电压达到 1.9 V 为止；或进行全容量放电，放电至终止电压（1.75 ~ 1.8 V）为止。放电结束应进行一次均衡充电（或称过充电），这是为了避免由于浮充电流控制的不准确，造成硫酸铅沉淀在极板上，影响蓄电池的输出容量和降低其使用寿命。

第三节　直流系统监察装置和闪光装置

一、绝缘监察装置

发电厂和变电站直流供电网络分布范围较广，而且工作环境又比较恶劣，所以直流的绝缘容易降低。根据《电气设备交接和预防性试验标准》规定，当使用 500 ~ 1 000 V 的兆欧表测量时，直流母线的绝缘电阻在断开其他所有关联支路时不应小于 10 MΩ；二次回路每一支路和断路器、隔离开关操作机构的电源回路的绝缘电阻不应小于 1 或 0.5 MΩ。直流系统绝缘降低，相当于直流系统的某一点经一定的电阻接地。

直流系统发生一点接地时，没有短路电流流过，熔断器不会熔断，仍能继续运行。但是，这种接地故障必须及早发现并处理，否则可能引起信号回路、控制回路、继电保护及自动装置回路不正确动作。例如在图 4-6 所示的控制回路中，当正极 A 点接地后，又在 B 点发生接地时，断路器跳闸线圈 YT 中就有电流流过，这将引起断路器误跳闸；当负极 E 点接地后，又在 B 点发生接地的情况下，当保护动作（即触点 K 闭合）时，由于跳闸线圈 YT 被两个接地点（E 和 B）短接，则断路器拒绝动作且熔断器熔断。可见，在直流系统中，装设绝缘监察装置是十分必要的。

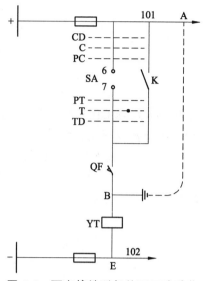

图 4-6 两点接地引起的不正确动作

（一）简单的绝缘监察装置

简单的绝缘监察装置由电压表（PV1）和转换开关（SA）组成，如图 4-7 所示。根据母线电压表 PV1 测得的电压值，粗略地估算正、负母线对地的绝缘电阻，从而达到绝缘监察的目的。

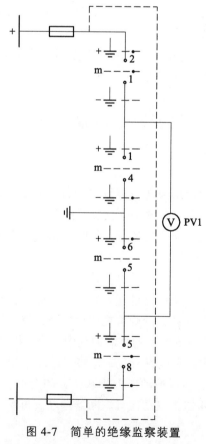

图 4-7 简单的绝缘监察装置

图 4-7 中 SA 为 LW2-W-6a、6、1/F6 型转换开关，它有"m（母线）""－对地""＋对地"三个位置，如图 4-8 所示。

SA:LW2-W-6a、6、1/F6型

在"断开"位置把（正面）样式和触点盒（背面）接线  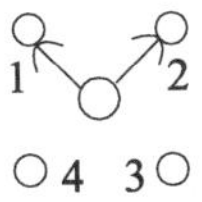 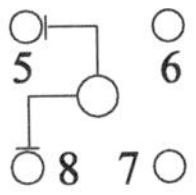 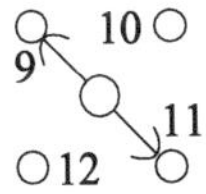						
手柄和触点盒型式	F6	6a		6		1
触点号	—	1-2	1-4	5-6	5-8	9-11	10-12
位置 m（母线）		●	—	—	●	●	—
位置 －对地		—	●	—	●	—	—
位置 ＋对地		●	—	●	—	—	—

图 4-8 转换开关图表

平时置于"m（母线）"位置，其触点 1-2、5-8 接通，使电压表测量正、负极母线电压 U_m。当 SA 切换至"＋对地"位置时，触点 1-2、5-6 接通，可测得正电源母线对地电压 $U_{(+)}$。当 SA 切换至"－对地"位置时，触点 5-8、1-4 接通，可测得负电源母线对地电压 $U_{(-)}$，则正、负电源母线绝缘电阻估算式为

$$\left. \begin{aligned} R_{(+)} &= R_V\left(\frac{U_m - U_{(+)}}{U_{(-)}} - 1\right) \\ R_{(-)} &= R_V\left(\frac{U_m - U_{(-)}}{U_{(+)}} - 1\right) \end{aligned} \right\} \tag{4-1}$$

式中　$R_{(+)}$、$R_{(-)}$——正、负母线对地绝缘电阻，Ω；

　　　$U_{(+)}$、$U_{(-)}$——测得的正、负母线对地电压，V；

　　　U_m——直流母线电压，V；

　　　R_V——母线电压表 PV1 的内阻，Ω。

可见，若测得的 $U_{(+)}$ 等于零，$U_{(-)}$ 也等于零，表明直流系统绝缘良好，因为母线没有接地，母线电压表 PV1 构不成回路；若测得的 $U_{(+)}$ 等于零，$U_{(-)}$ 等于 U_m，表明正母线接地，若测得的结果相反，表明负母线接地；若测得的 $U_{(+)}$ 和 $U_{(-)}$ 在 $0 \sim U_m$，可根据式（4-1）估算正、负母线对地绝缘电阻 $R_{(+)}$ 和 $R_{(-)}$。

这种绝缘监察装置需要人工操作，主要用于小型变电站，在发电厂和大、中型变电站中作为辅助的绝缘监察装置，即用它粗略估算哪个母线绝缘降低。

（二）电磁型继电器构成的绝缘监察装置

电磁型继电器构成的绝缘监察装置是发电厂和变电站广泛采用的一种绝缘监察装置。它由信号和测量两部分组成，这两部分都是根据直流电桥的工作原理构成。它有两种形式：一种是一组母线配一套；另一种是两组母线共用一套。

工程中实际应用的绝缘监察装置如图 4-9（a）所示。图中，SM 为 LW2-2、2、2、2/F4-8X 型转换开关，有"Ⅰ""Ⅱ""断开"三个位置；SM1 为 LW2-2、1、1、2/F4-8X 型转换开关，有测量"Ⅰ"、测量"Ⅱ"和信号"S"三个位置；SA 为 LW2-W-6a、6、Um、1/F6 型转换开关，其触点位置已在图 4-8 中示出。

在图 4-9（a）中，当 SM 置"Ⅱ"位置时，第Ⅰ组母线装有信号部分；第Ⅱ组母线装有信号部分和测量部分，其测量部分为两组母线共用。

第Ⅰ组母线信号部分的工作原理如图 4-9（b）所示。它由信号继电器 K1 和电阻 R_1、R_2 组成。R_1 等于 R_2（均为 1 kΩ），并与直流系统正、负母线对地绝缘电阻 $R_{(+)}$ 和 $R_{(-)}$ 组成电桥的四个臂。继电器 K1 接于电桥的对角线上，相当于直流电桥中检流计。正常运行时，直流母线正、负两极对地电阻 $R_{(+)}$ 和 $R_{(-)}$ 相等，继电器 K1 线圈中只有微小的不平衡电流流过，继电器 K1 不动作。当某一极母线的绝缘电阻下降至低于允许值时，电桥失去平衡，当继电器 K1 线圈中流过的电流足够大时，K1 动作，其常开触点闭合，点亮光字牌 H1，显示"Ⅰ母线接地"字样，并发出预告音响信号。

两母线绝缘监察装置							
直流主母线及转换开关	熔断器	第Ⅰ组		第Ⅱ组		预告信号	
		信号部分	测量部分	信号部分	测量部分	Ⅰ母线接地	Ⅱ母线接地

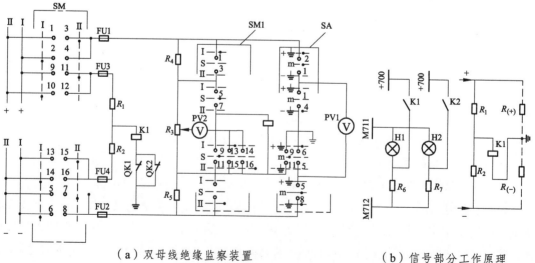

（a）双母线绝缘监察装置　　　（b）信号部分工作原理

图 4-9　电磁型继电器构成的绝缘监察装置

继电器 K1 通过蓄电池出口回路的两组开关的辅助常闭触点 QK1 和 QK2 并联后接地。当两组母线并列运行时，开关 QK1 和 QK2 全部投入，其辅助常闭触点都断开，使第Ⅰ组母线绝缘监察装置退出工作。这是因为此时只需要一套绝缘监察装置即可满足要求，否则将影响绝缘监察装置的灵敏度。

第Ⅱ组母线绝缘监察装置装有信号和测量两部分。信号部分由继电器 K2 和电阻 R_4、R_5 组成，其工作原理与 K1、R_1、R_2 电路相同。测量部分由母线电压表 PV1、绝缘电压表 PV2、转换开关 SM1 及 SA 组成。PV1 用于监测正、负母线之间或正、负母线对地电压；PV2 用于测量直流系统对地或正、负母线对地的绝缘电阻。

如果发出"Ⅱ母线接地"信号时，首先利用 SA 和 PV1 分别测量出正、负母线间电压 U_m、正母线对地电压 $U_{(+)}$、负母线对地电压 $U_{(-)}$，再根据式（4-1）判断Ⅱ母线哪个极绝缘电阻降低；然后将 SA 置"m"位置，使其触点 9-11 接通；再利用 SM1 和 PV2 测量绝缘电阻，其测量方法如下所述。

1. 判断为正母线绝缘降低时

（1）将 SM1 置于"Ⅰ"位置，此时触点 1-3、13-15 接通，接入电压表 PV2 并将 R_4 短接。调节电阻 R_3，使 PV2 指示为零，读取 R_3 的百分数 X 值。

（2）再将 SM1 置于"Ⅱ"位置，此时触点 2-4、14-16 接通，接入电压表 PV2 并短接 R_5，PV2 指示的数值为直流系统对地总的绝缘电阻 R，则正、负母线对地绝缘电阻为

$$\left.\begin{aligned} R_{(+)} &= \frac{2R}{2-X} \\ R_{(-)} &= \frac{2R}{X} \end{aligned}\right\} \tag{4-2}$$

2. 判断为负母线绝缘降低时

（1）将 SM1 置于"Ⅱ"位置，接入电压表 PV2 并短接 R_5。调节 R_3，使 PV2 指示为零，读取 R_3 的百分数 X 值。

（2）再将 SM1 置于"Ⅰ"位置，接入电压表 PV2 并短接 R_4，此时 PV2 指示的数值为 R，则正、负母线对地绝缘电阻为

$$\left.\begin{aligned} R_{(+)} &= \frac{2R}{1-X} \\ R_{(-)} &= \frac{2R}{1+X} \end{aligned}\right\} \tag{4-3}$$

式中　R——直流系统总的对地绝缘电阻；

　　　X——R_3 电阻刻度的百分值。

二、电压监察装置

电压监察装置用来监视直流系统母线电压，其典型电路如图 4-10 所示。

图 4-10 中，KV1 为欠电压继电器，KV2 为过电压继电器。当直流母线电压低于或高于允许值时，电压继电器 KV1 或 KV2 动作，点亮光字牌 H1 或 H2，发出预告信号。

由于直流母线电压过低，可能使继电保护装置和断路器操作机构拒绝动作；电压过高，对长期带电的继电器、信号灯等会造成损坏或缩短其使用寿命。所以通常欠电压继电器 KV1 的动作电压整定为直流母线额定电压的 75%，过电压继电器 KV2 的动作电压整定为直流母线额定电压的 1.25%。

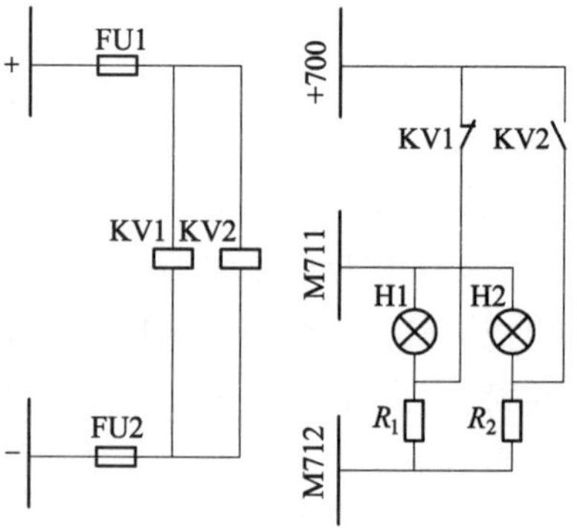

图 4-10　电压监察装置典型电路

三、闪光装置

发电厂和变电站的直流系统通常装有闪光装置，作为断路器位置（或其他需要闪光）信号灯的闪光电源。图 4-11（a）所示的闪光装置由闪光继电器（DX-3 型）、试验按钮 SB 和白色信号灯 HL1 组成，图 4-11（b）所示为 DX-3 型继电器内部电路。

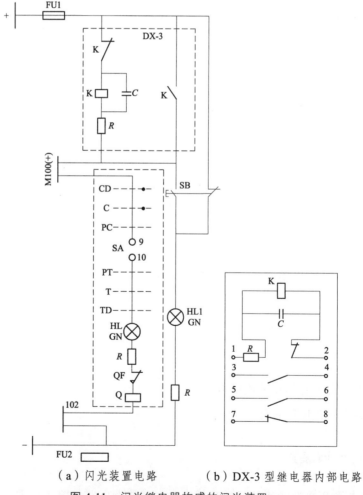

（a）闪光装置电路　　　（b）DX-3 型继电器内部电路

图 4-11　闪光继电器构成的闪光装置

图 4-11 中，试验按钮 SB 和白色信号灯 HL1 用于检查回路是否完好。

正常运行（即无事故或无跳、合闸操作的情况）时，闪光继电器不工作。白色信号灯 HL1 点亮，表示直流电源和熔断器完好；闪光小母线 M100（＋）不带电。

当按下试验按钮 SB 时，闪光继电器的 K 线圈，通过 SB 的常开触点、HL1 和 R 接至负电源。闪光小母线 M100（＋）获得较低的正电位；白色信号灯 HL1 由于两端电压很低而变暗；并联在 K 线圈两端的电容 C 开始充电。经过一定延时后，当电容 C 两端电压升到继电器 K 的动作电压时，K 动作，其常开触点闭合，使闪光小母线 M100（＋）直接接至正电源，信号灯 HL1 由于两端电压突然升高而变亮。与此同时继电器 K 的常闭触点断开，电容 C 开始对 K 线圈放电，经过一段延时，当电容 C 两端电压降到继电器 K 返回电压时，继电器 K 复归，HL1 又变暗。接着电容 C 又开始充电，重复上述过程，使 HL1 连续闪光，直到松开试验按钮 SB 为止。

可见，闪光小母线平时不带电，只有在闪光继电器工作时，才间断地获得较低和较高的正电位，其间隔时间由 DX-3 型闪光继电器中电容 C 的充、放电时间决定。

当某一断路器 QF 事故跳闸时，通过"不对应"回路，将闪光继电器 K 的线圈回路接通，其工作过程与按下试验按钮 SB 相同，断路器控制回路的绿色信号灯 HL 连续闪光，直到控制开关 SA 置于"跳闸后"位置，使其触点 9-10 断开为止。

第四节　硅整流电容储能直流系统

硅整流电容储能直流系统通过硅整流设备，将交流电源变换为直流电源，作为发电厂和变电站的直流操作电源。为了在交流系统发生短路故障时，仍然能使控制、保护及断路器可靠动作，系统还装有一定数量的储能电容器。

一、硅整流电容储能直流系统

硅整流电容储能直流系统通常由两组整流器 U1 和 U2、两组电容器 C_I 和 C_{II} 及相关的开关、电阻、二极管、熔断器、继电器组成，如图 4-12 所示。

图 4-12 中，左侧母线为合闸母线 I（＋、－）；右侧母线为控制母线 II（＋、－），向保护、控制和信号回路供电。整流器 U1 向 I 母线供电，也兼向 II 母线供电。由于 I 母线的合闸功率较大，所以 U1 采用三相桥式整流回路，并利用隔离变压器 T1 的二次抽头，实现电压调整，以保证 I 母线电压为 220 V，同时 T1 也起到了交流、直流的隔离作用。整流器 U2 仅向 II 母线供电，采用单相桥式整流电路，也采用了隔离变压器 T2，并通过调整 T2 的二次抽头，保证 II 母线上的电压为 220 V。在 I、II 组母线之间用电阻 R_1 和二极管 VD3 隔开。VD3 起逆止阀的作用，它只允许从 I 母线向 II 母线供电，而不能反向供电，以保证 II 母线供电的可靠性，防止在断路器合闸时，或 I 母线发生短路时，引起 II 母线电压严重降低。电阻 R_1

用来保护 VD3，即当Ⅱ母线发生短路故障时，限制流过 VD3 的电流。FU1 和 FU2 为快速熔断器，作为 U1 和 U2 的短路保护，在熔断时间上与馈线上的熔断器相配合。在整流器 U2 的输出端串有限流电阻 R，用以保护整流器 U2；装有欠电压继电器 KV，当 U2 输出电压降低到一定程度或消失时，由欠电压继电器 KV 发出预告信号；串有隔离二极管 VD4，用以防止 U2 输出电压消失后，由Ⅰ母线向欠电压继电器 KV 供电。

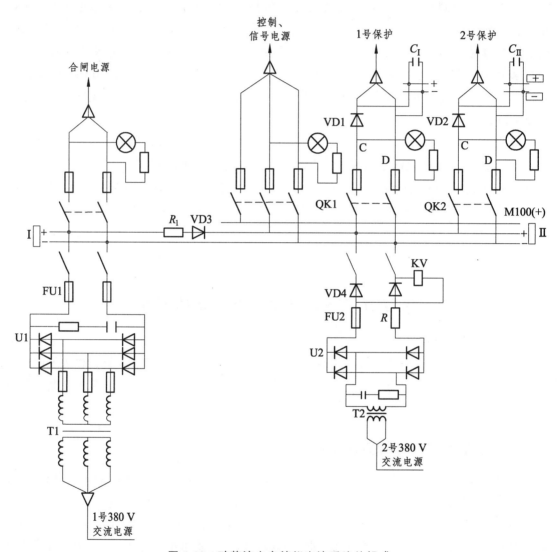

图 4-12　硅整流电容储能直流系统的组成

在正常情况下，Ⅰ、Ⅱ组母线上的所有直流负载均由整流器 U1 和 U2 供电，并给储能电容器 $C_Ⅰ$ 和 $C_Ⅱ$ 充电，即 $C_Ⅰ$ 和 $C_Ⅱ$ 处于浮充电状态。

在事故情况下，电容器 $C_Ⅰ$ 和 $C_Ⅱ$ 所储存的电能作为继电保护和断路器跳闸回路的直流电源。其中一组（$C_Ⅰ$）向 6～10 kV 馈线保护及其跳闸回路（即 1 号保护）供电；另一组（$C_Ⅱ$）向主变压器保护、电源进行保护及其跳闸回路（即 2 号保护）供电。这样，当 6～10 kV 馈线上发生故障，继电保护虽然动作，但因断路器操作机构失灵而不能跳闸（此时由于跳闸线圈长时间通电，已将电容器 C_I 储存的能量耗尽）时，使起后备保护作用的上一级主变压器过流保护，仍可利用电容器 C_{II} 储存的能量将故障切除。C_I、C_{II} 充电回路二极管 VD1 和 VD2 起逆止阀作用，用来防止在事故情况下，电容器 C_I 和 C_{II} 向接于 II 母线上的其他回路供电。

电阻 R_1 和二极管 VD1、VD2、VD3、VD4 按下述方法选择。

二极管的额定电流 $I_{N \cdot V}$ 和额定电压 $U_{N \cdot V}$ 为

$$I_{N \cdot V} \geq 1.2 I_{w \cdot m} \tag{4-4}$$

$$U_{N \cdot V} \geq 1.2 U'_m \tag{4-5}$$

式中　$I_{w \cdot m}$——通过二极管最大工作电流，A；

　　　U'_m——可能加于二极管的反向电压峰值，V。

串联电阻 R_1 的阻值为

$$R_1 = \frac{U_m}{2 I_{N \cdot V}} \tag{4-6}$$

式中　U_m——直流母线电压，V。

串联电阻 R_1 的容量 P 为

$$P = I^2_{w \cdot m} R_1 \tag{4-7}$$

由式（4-6）可知，二极管的额定电流越小，电阻 R_1 的阻值就越大，对能量的传递就越不利。因此，一般二极管的额定电流不小于 20 A。

二、储能电容检查装置

为了防止储能电容器开路或老化，即电容器容量降低或失效，应定期检查电容器的电压、泄漏电流和容量。储能电容器检查装置电路如图 4-13 所示。

储能电容器检查装置由继电器（KT、KV 和 KS）、转换开关（SM1、SM2）、按钮（SB1、SB2）和测量仪表（PA1、PA2、PV）组成。

电压表 PV 和转换开关 SM1 用来监测电容器 C_I 和 C_{II} 两端电压，SM1 切换至图示位置时，PV 的读数是 C_I 两端的电压。

毫安表 PA1（或 PA2）和试验按钮 SB1（或 SB2）用来检 C_I（或 C_{II}）的泄漏电流。若泄漏电流超过允许值，表明电容器绝缘电阻下降或自放电加快，应及时处理。毫安表 PA1（或 PA2）正常时，被试验按钮 SB1（或 SB2）短接，测量时按下试验按钮，就可测得泄漏电流，同时解除电容器检查回路。

继电器 KT、KV、KS 和转换开关 SM2 用来检查电容器的容量。SM2 选用 LW2-5、5.5、5/F4-X 型转换开关，它有 "工作 C_w" "检查 C_I" "检查 C_{II}" 三个位置。其工作原理如下所述。

（1）平时转换开关 SM2 置于 "C_w" 位置，其触点 1-2、5-6 接通，则储能电容器 C_I 经触点 1-2 向 1 路控制母线（＋、－）供电；储能电容器 C_{II} 经触点 5-6 向 2 路控制母线（ ＋ 、 － ）供电。

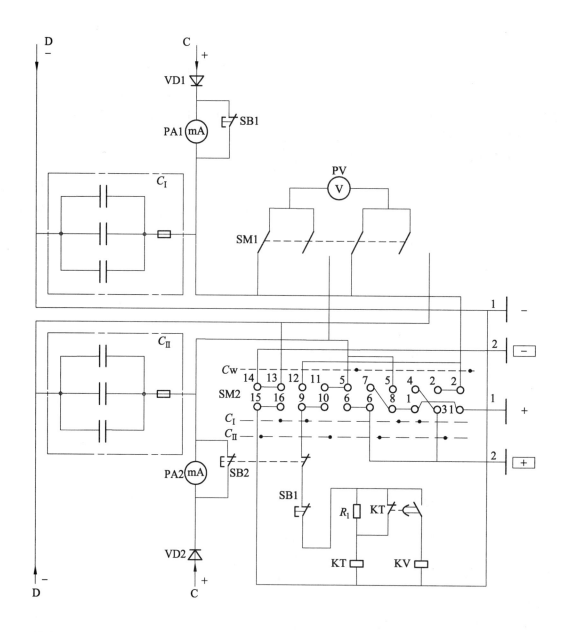

SM2:LW2-5、5、5、5/F4-X

触点盒型式	F4-X	5			5			5			5		
触点号	—	1-2	2-3	1-4	5-6	6-7	5-8	9-10	10-11	9-12	13-14	14-15	13-16
位置 检查C_{II}	←	—	●	—	—	●	—	—	●	—	—	●	—
位置 工作C_W	↑	●	—	—	●	—	—	●	—	—	●	—	—
位置 检查C_I	→	—	—	●	—	—	●	—	—	●	—	—	●

图 4-13 储能电容器检查装置电路

（2）将转换开关 SM2 置于"C_I"位置时，其触点 1-4、5-8、9-12、13-16 接通，此时电容器 C_{II} 继续运行，并经触点 1-4、5-8 和 13-16 向 2 路控制母线（ + 、 − ）和 1 路控制母线（＋、－）供电。而电容器 C_I 处于被检查的放电状态，即 C_I 经 SM2 的触点 9-12 接至时间继电器 KT 线圈上（C_I 通过 KT 线圈进行放电），使 KT 动作，其常闭触点断开，电阻 R_1 串入（以减少时间继电器能量消耗）；KT 延时闭合的常开触点经延时 t（考虑裕度，放电时间 t 应比保护装置的动作时间大 0.5～1 s）后，接通过电压继电器 KV 线圈。若 C_I 经 t 时间放电后，其残压大于过电压继电器 KV 的整定值，KV 就动作，其常开触点闭合，使信号继电器 KS 动作并掉牌，同时点亮信号灯 HL，则表明电容器 C_I 的电容量正常。反之，如果时间继电器 KT 或过电压继电器 KV 不能启动，则表明电容器 C_I 的电容值下降或有开路现象，应逐一检查和更换损坏的电容器。

（3）当将转换开关 SM2 置于"C_{II}"位置时，其触点 2-3、6-7、10-11、14-15 接通，此时电容器 C_I 承担 1 号和 2 号控制母线上的负载，而电容 C_{II} 则处于被检查的放电状态，动作情况同前。

采用硅整流电容储能直流操作电源时，在控制回路中，原来控制小母线（即＋）的信号灯及自动重合闸继电器，改接至信号小母线＋700 上，使发生故障时，不消耗电容器所储蓄的能量。

第五节　直流系统一点接地的寻找

当直流母线上的绝缘监察装置发出接地信号后，运行人员首先利用绝缘监察装置判断是哪个极接地，并测量其绝缘电阻的大小；然后寻找接地点的位置，以便及时消除。

首先根据当时的运行方式、操作情况及气候影响等因素，初步判断接地点的位置，然后遵循先信号和照明回路后控制回路、先室外后室内的原则，采用分路试停的方法寻找有接地点的回路。在切断各专用直流回路时，切断时间一般不得超过 3 s。发现某一专用直流回路有接地时，再进一步地寻找接地点的位置。寻找时注意事项如下：

（1）停电前应采取必要的措施，以防止直流失电可能引起保护及自动装置的误动作。

（2）禁止使用灯泡寻找接地，必须使用高内阻仪表：220 V 的内阻不小于 20 kΩ；110 V 的内阻不小于 10 kΩ。

（3）在寻找和处理直流接地过程中，不得造成直流系统短路或另一点接地。

（4）在硅整流电容储能的直流系统中，如需判断储能电容器的控制回路有无接地现象，可按以下两种情况进行。

第一种情况：电容器 C_I 和 C_{II} 的负极未连在一起，如图 4-13 所示。此时可用分路试停的方法寻找。

第二种情况：电容器 C_I 和 C_{II} 负极连在一起，即 1 路。控制母线（＋、－）和 2 路控制母线（ ＋ 、 － ）具有公共的负极，如图 4-14 所示。此情况下，必须将电源开关 QK1、QK2 全部切断，才能寻找接地点，否则会造成以下的错误判断：

① 在 1 路控制母线负极 B 点接地情况下（见图 4-14），若只断开电源开关 QK1，直流主

母线仍可通过电源开关 QK2 与接地点相通，接在主母线上的绝缘监察装置仍反映有负极接地，可能得出 1 路控制母线无接地的错误判断。

② 在 1 路控制母线正极 A 点接地情况下（见图 4-14），当只断开电源开关 QK1 时，2 路控制母线负极对地电压为 C_1 两端残余电压，其数值为母线全电压，接在主母线上绝缘监察装置仍反映有正极接地，可能得出 1 路控制母线无接地的错误判断。

通过以上分析可知，只有将 1 路和 2 路的电源开关 QK1、QK2 全都断开后，1 路和 2 路控制母线的正、负极与主母线完全断开，接在主母线上的绝缘监察装置才能正确指示。

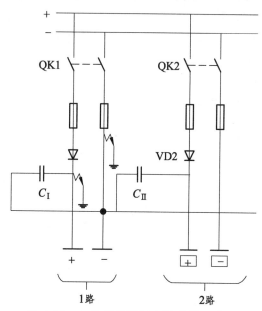

图 4-14 电容储能装置直流接地示意图

复习思考题

1. 按电源性质分，发电厂和变电站的操作电源可分为_____和_____。
2. 直流负载按其用电特性分为_____、_____、_____。
3. 蓄电池运行方式有_____、_____。
4. 电压监察装置的作用_____。
5. 简述铅酸蓄电池浮充电的目的，以及蓄电池数量的选择方法。

6. 直流系统母线电压为什么不能过高或过低?

7. 阐述闪光电源装置的工作原理。

8. 为什么蓄电池会有自放电现象?

9. 为什么蓄电池要进行核对性放电和均衡充电？

10. 为什么直流系统要装设绝缘监察装置？

第五章 断路器的控制和信号电路

第一节 断路器的控制类型和操作机构

一、断路器的控制类型

发电厂和变电站内，对断路器的控制按控制方式可分为一对一控制和一对 N 的选线控制。一对一控制是利用一个控制开关控制一台断路器，一般适用于重要且操作机会少的设备，如发电机、调相机、变压器等。一对 N 的选线控制是利用一个控制开关，通过选择，控制多台断路器，一般适用于馈线较多、接线和要求基本相同的高压厂用馈线。对断路器的控制按其操作电源的不同，又可分为强电控制和弱电控制。强电控制电压一般为 110 V 或 220 V，弱电控制电压为 48 V 及以下。

对于强电控制，按其控制地点，又可分为就地控制和远方控制。就地控制是控制设备安装在断路器附近，运行人员就地进行手动操作。这种控制方式一般适用于不重要的设备，如 6 ~ 10 kV 馈线、厂用电动机等。远方控制是在离断路器几十米至几百米的主控制室的主控制屏（台）上，装设能发出跳、合闸命令的控制开关或按钮，对断路器进行操作，一般适用于发电厂和变电站内较重要的设备，如发电机、主变压器、35 kV 及以上线路和相应的并联电抗器等。

二、断路器的操作机构

断路器的操作机构是断路器本身附带的合、跳闸传动装置，用来使断路器合闸或维持闭合状态，或使断路器跳闸。在操作机构中均设有合闸机构、维持机构和跳闸机构。由于动力来源的不同，操作机构可分为电磁操作机构（CD）、弹簧操作机构（CT）、液压操作机构（CY）、电动机操作机构（CJ）、气动操作机构（CQ）等。目前应用较广的是弹簧操作机构、液压操作机构和气动操作机构。不同型式的断路器，根据传动方式和机械荷载的不同，可配用不同型式的操作机构。

（1）电磁操作机构是靠电磁力进行合闸的机构。这种机构结构简单，加工方便，运行可靠。由于是利用电磁力直接合闸，合闸电流很大，可达几十安至数百安，所以合闸回路不能直接利用控制开关触点接通，必须采用中间接触器（即合闸接触器）。

国产直流电磁操作机构型号有 CD1 ~ CD5、CD6-G、CD8、CD11、CD15 型等。电磁操作机构的电压一般为 110 V 或 220 V，由两个线圈组成，两线圈串联，适用于 220 V；并联则适用于 110 V。目前，这种操作机构由于合闸冲击电流很大而很少采用。

（2）弹簧操作机构是靠预先储存在弹簧内的位能来进行合闸的机构。这种机构不需配备附加设备，弹簧储能时耗用功率小（用 1.5 kW 的电动机储能），因而合闸电流小，合闸回路可直接用控制开关触点接通。目前国产的 CT7、CT8 型弹簧操作机构可供 SN10 系列的少油断路器使用；CT6 型弹簧操动机构供 SW4 系列的少油断路器及各型 SF 断路器使用。

（3）液压操作机构是靠压缩气体（氮气）作为能源，以液压油作为传递媒介来进行合闸的机构。此种机构所用的高压油预先储存在储油箱内，用功率较小（1.5 kW）的电动机带动油泵运转，将油压入储压筒内，使预压缩的氮气进一步压缩，从而不仅合闸电流小，合闸回路可直接用控制开关触点接通，而且压力高，传动快，动作准确，出力均匀。目前我国 110 kV 及以上的少油断路器及 SF$_6$ 断路器广泛采用这种机构。

（4）气动操作机构是以压缩空气储能和传递能量的机构。此种机构功率大，速度快，但结构复杂，需配备空气压缩设备。气动操作机构的合闸电流也较小，合闸回路中也可直接用控制开关触点接通。目前，这种操作机构使用于 500 kV 的 SF$_6$ 断路器。

第二节　三相操作断路器的控制和信号电路

一、断路器控制回路的基本要求

断路器的控制回路应满足下列要求：

（1）断路器操作机构中的合、跳闸线圈是按短时通电设计的，故在合、跳闸完成后应自动解除命令脉冲，切断合、跳闸回路，以防止合、跳闸线圈长时间通电。

（2）合、跳闸电流脉冲一般应直接作用于断路器的合、跳闸线圈，但对电磁操作机构，合闸线圈电流很大（35～250 A），必须通过合闸接触器接通合闸线圈。

（3）无论断路器是否带有机械闭锁，都应具有防止多次合、跳闸的电气防跳功能。

（4）断路器既可利用控制开关进行手动跳闸与合闸，又可由继电保护和自动装置自动跳闸与合闸。

（5）应能监视控制电源及合、跳闸回路的完好性，应对二次回路短路或过负载进行保护。

（6）应有反映断路器状态的位置信号和显示自动合、跳闸的不同信号。

（7）对于采用气压、液压和弹簧操作机构的断路器，应有压力是否正常、弹簧是否拉紧到位的监视回路和闭锁回路。

（8）对于分相操作的断路器，应有监视三相位置是否一致的措施。

（9）接线应简单可靠，使用电缆芯数应尽量少。

二、控制开关

控制开关又称万能开关，是控制回路中的控制元件，由运行人员直接操作，发出命令脉冲，使断路器合、跳闸。下面介绍 LW2 型系列自动复位控制开关。

（一）LW2 型控制开关的结构

LW2 型控制开关的结构如图 5-1 所示。

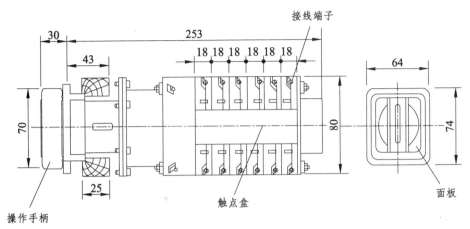

图 5-1　LW2 型控制开关结构

图 5-1 中，控制开关正面为一个操作手柄和面板，安装在控制屏前。与手柄固定连接的转轴上有数节触点盒，安装在控制屏后。每个触点盒内有 4 个定触点和 1 个动触点。定触点分布在盒的四角，盒外有供接线用的四个引出线端子。动触点根据凸轮和簧片形状以及在转轴上安装的初始位置可组成 14 种触点盒型式，其代号为 1、1a、2、4、5、6、6a、7、8、10、20、30、40、50 等。其中 LW2-Z 型和 LW2-YZ 型控制开关中各型触点盒的触点随手柄转动的位置如表 5-1 所示。表中动触点的型式有两种：一种是触点在轴上，随轴一起转动；另一种是触点在轴上有一定的自由行程，这种型式的触点当手柄转动角度在其自由行程以内时，可保持在原来的位置上不动。

表 5-1　LW2-Z 型和 LW2-YZ 型控制开关中各型触点盒的触点随手柄转动的位置

手柄位置	触点盒型式													
	灯	1 1a	2	4	5	6	6a	7	8	10	20	30	40	50
←														
↑														
↗														
↑														
←														
↙														

*自动开关前视触点号顺序为　　₂○　○₁　　○　　○₃　○₄

- 063 -

表 5-1 中的 1、1a、2、4、5、6、6a、7、8 型触点是随轴转动的动触点，10、40、50 型触点在轴上有 45°的自由行程，20 型触点在轴上有 90°的自由行程，30 型触点在轴上有 135°的自由行程。具有自由行程的触点切断能力较小，只适合于信号回路。

LW2 系列控制开关挡数一般为 5 挡，最多不应超过 6 挡。超过 6 挡的，其触点可能接触不可靠。当控制开关触点不够用时，可以借用中间继电器来增加触点。

LW2 系列控制开关的额定电压为 250 V，当电流不超过 0.1 A 时，允许使用 380 V，其触点切断能力如表 5-2 所示。

表 5-2　LW2 系列控制开关出点的切断容量

负载性质	交流		直流	
	220 V	127 V	220 V	110 V
电阻性	40	45	4	10
电感性	15	23	2	7

（二）LW2 型控制开关的特点和用途

LW2 型控制开关的特点和用途如表 5-3 所示。

表 5-3　LW2 型控制开关的特点和用途

型号	特点	用途	备注
LW2-Z	带自动复位及定位	用于断路器及接触器的控制回路中	常用于灯光监视回路
LW2-YZ	带自动复位及定位，有信号灯	用于断路器及接触器的控制回路中	常用于音响监视回路
LW2-W	带自动复位	用于断路器及接触器的控制回路中	
LW2-Y	带定位及信号灯	用于直流系统中监视熔断器	
LW2-H	带定位及可取出手柄	用于同步回路中相互闭锁	
LW2	带定位	用于一般的切换电路中	

（三）控制开关的触点图表

表明控制开关的操作手柄在不同位置时触点盒内各触点通断情况的图表称为触点图表。

表 5-4 所示为 LW2-Z-1a、4、6a、40、20、20/F8 型控制开关的触点图表。表中，F8 表示面板与手柄的型式（F 表示方形面板，O 表示圆形面板，1～9 九个数字表明手柄型式）。

表 5-4 表明，此种控制开关有两个固定位置（垂直和水平）和两个操作位置（由垂直位置再顺时针转 45°和由水平位置再逆时针转 45°）。由于具有自由行程，控制开关的触点位置共有 6 种状态，即"预备合闸""合闸""合闸后""预备跳闸""跳闸""跳闸后"。操作方法：当断路器为断开状态，操作手柄置于"跳闸后"的水平位置，需进行合闸操作时，首先将手柄顺时针旋转 90°至"预备合闸"位置，再旋转 45°至"合闸"位置，此时 4 型触点盒中的触点 5-8 接通，发合闸脉冲。断路器合闸后，松开手柄，操作手柄在复位弹簧作用下，自动返

回至"合闸后"的垂直位置。进行跳闸操作时，是将操作手柄从"合闸后"的垂直位置逆时针旋转90°至"预备跳闸"位置，再继续旋转45°至"跳闸"位置，此时4型触点盒中的触点6-7接通，发跳闸脉冲。断路器跳闸后，松开手柄使其自动复归至"跳闸后"的水平位置。这样，合、跳闸操作分两步进行，可以防止误操作。

表 5-4　LW2-Z-1a、4、6a、40、20、20/F8 型控制开关触点图表

在"跳闸后"位置的手柄（正面）的样式和触点盒（背面）的接线图																	
手柄和触点盒型式	F8	1a		4		6a			40			20			20		
触点号	—	1-3	2-4	5-8	6-7	9-10	9-12	11-10	14-13	14-15	16-13	19-17	17-18	18-20	21-23	21-22	22-24
位置 跳闸后		—	—	—	●	—	—	●	—	●	—	—	●	—	—	—	●
预备合闸		●	●	—	—	●	—	—	—	●	—	—	●	—	●	—	—
合闸		—	—	●	—	—	●	—	●	—	—	●	—	—	●	—	—
合闸后		—	—	—	—	—	●	—	●	—	—	●	—	—	—	●	—
预备跳闸		●	●	—	—	—	—	●	—	—	●	—	—	●	—	●	—
跳闸		—	—	—	●	—	—	●	—	—	●	—	—	●	—	—	●

LW2-YZ-1a、4、6a、40、20、20/F1 型控制开关与 LW2-Z 型控制开关在操作程序上完全相同，但 LW2-YZ 型控制开关手柄上带有指示灯，其触点图表如表 5-5 所示。

表 5-5　LW2-YZ-1a、4、6a、40、20、20/F1 型控制开关触点图表

在"跳闸后"位置的手柄（正面）的样式和触点盒（背面）的接线图																		
手柄和触点盒型式	F1	灯	1a		4		6a		40			20			20		
触点号	—	1-3	2-4	5-7	6-8	9-12	10-11	13-14	13-16	15-14	18-17	18-19	20-17	23-21	21-22	22-24	25-27	25-26	26-28
位置 跳闸后		●	—	—	●	—	—	●	—	—	●	—	—	●	—	—	●	—	—
预备合闸		—	●	—	—	●	—	—	—	●	—	●	—	●	—	—	●	—	—
合闸		●	—	●	—	—	●	●	—	—	●	—	—	●	—	—	●	—	—
合闸后		●	—	—	—	—	●	●	—	—	●	—	—	—	●	—	—	●	—
预备跳闸		●	—	—	●	—	—	●	—	—	●	—	—	—	●	—	—	●	—
跳闸		●	—	—	●	—	—	●	—	—	●	—	—	—	—	●	—	—	●

在断路器的控制信号电路中，表示触点通断情况的图形符号如图 5-2 所示。图中 6 条垂直虚线表示控制开关手柄的 6 个不同的操作位置，即 PC（预备合闸）、C（合闸）、CD（合闸

后）、PT（预备跳闸）、T（跳闸）、TD（跳闸后），水平线即端子引线，水平线下方位于垂直虚线上的粗黑点表示对触点在此位置是闭合的。

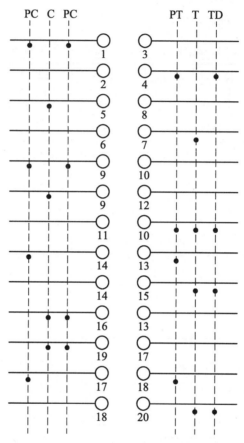

图 5-2　LW2-Z-1a、4、6a、40、20/F8 型触点通断的图形符号

三、三相操作断路器的控制信号电路

（一）断路器控制信号电路的构成

1. 基本跳、合闸电路

断路器最基本的跳、合闸电路如图 5-3 所示。手动合闸操作时，将控制开关 SA 置于"合闸"位置，其触点 5-8 接通，经断路器辅助常闭触点 QF 接通合闸接触器的线圈 KM，KM 动作，其常开触点闭合，接通合闸线圈 YC，断路器即合闸。合闸完成后，断路器辅助常闭触点 QF 断开，切断合闸回路。手动跳闸时，触点 6-7 闭合，经断路器辅助常开触点 QF 接通跳闸线圈 YT，断路器即跳闸。跳闸后，常开触点 QF 断开，切除跳闸回路。

自动合、跳闸操作，则通过自动装置触点 K1 和保护出口继电器触点 K2 短接控制开关 SA 触点实现。

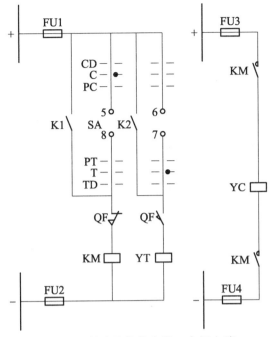

图 5-3 断路器的基本跳、合闸电路

断路器辅助触点 QF 除具有自动解除合、跳闸命令脉冲的作用外，还可切断电路中的电弧。由于合闸接触器和跳闸线圈都是电感性负载，若由控制开关 SA 的触点切断合、跳闸操作电源，则容易产生电弧，烧毁其触点。所以，在电路中串入断路器辅助常开触点和常闭触点，由它们切断电弧，以避免烧坏 SA 的触点。

2. 位置信号电路

断路器的位置信号一般用信号灯表示，其形式分单灯制和双灯制两种。单灯制用于音响监视的断路器控制信号电路中；双灯制用于灯光监视的断路器控制信号电路中。

采用双灯制的断路器位置信号电路如图 5-4（a）所示。图中，红灯 HL2 发平光，表示断路器处于合闸位置，控制开关置于"合闸"或"合闸后"位置。它是由控制开关 SA 的触点 16-13 和断路器辅助常开触点 QF 接通电源发平光的。绿灯 HL1 发平光，则表示断路器处于跳闸状态，控制开关置于"跳闸"或"跳闸后"位置。它是由控制开关 SA 的触点 11-10 和断路器辅助常闭触点 QF 接通电源而发平光的。

采用单灯制的断路器位置信号电路如图 5-4（b）所示。图中，断路器的位置信号由装于断路器控制开关手柄内的指示灯指示。KCT 和 KCC 分别为跳闸和合闸位置继电器触点。断路器处于跳闸状态，控制开关置于"跳闸后"位置，跳闸位置继电器 KCT 线圈带电（见控制电路图 5-11），其常开触点闭合，则信号灯经控制开关触点 1-3、15-14 及跳闸位置继电器触点 KCT 接通电源发出平光；断路器处于合闸状态，控制开关置于"合闸后"位置，合闸位置继电器 KCC 线圈带电，其常开触点闭合，则信号灯经控制开关 SA 的触点 2-4、20-17 及合闸继电器触点 KCC 接通电源而发平光。

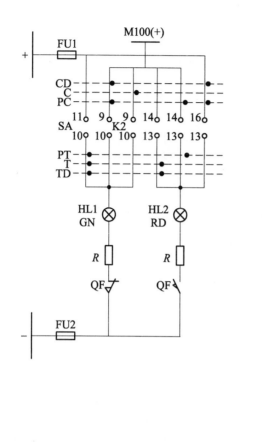

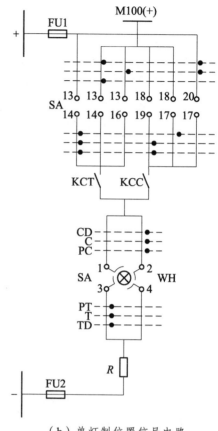

（a）双灯制位置信号电路　　　　　　　　　（b）单灯制位置信号电路

图 5-4　断路器的位置信号电路

3. 自动合、跳闸的灯光显示

自动装置动作使断路器合闸或继电保护动作使断路器跳闸时，为了引起运行人员注意，普遍采用指示灯闪光的办法。其电路采用"不对应"原理设计，如图 5-4 所示。"不对应"是指控制开关 SA 的位置与断路器位置不一致。例如断路器原来是合闸位置，控制开关置于"合闸后"位置，两者是对应的，当发生事故，断路器自动跳闸时，控制开关仍在"合闸后"位置，两者是不对应的。以图 5-4（a）为例，图中绿灯 HL1 经断路器辅助常闭触点 QF 和 SA 的触点 9-10 接至闪光小母线 M100（+）上，绿灯闪光，提醒运行人员断路器已跳闸，当运行人员将控制开关于"跳闸后"的对应位置时，绿灯发平光。同理，自动合闸时，红灯 HL2 闪光。

当然，控制开关 SA 在"预备合闸"或"预备跳闸"位置时，红灯或绿灯也要闪光，这种闪光可让运行人员进一步核对操作是否无误。操作完毕，闪光即可停止，表明操作过程结束。

4. 事故跳闸音响信号电路

断路器由继电保护动作而跳闸时，还要求发出事故跳闸音响信号。它的实现也是利用"不对应"原理设计的。其常见的启动电路如图 5-5 所示。图中，M708 为事故音响小母线，只要将负电源与此小母线相连，即可发出音响信号。图 5-5（a）是利用断路器自动跳闸后，其辅助常闭触点 QF 闭合启动事故音响信号；图 5-5（b）是利用断路器自动跳闸后，跳闸位置继电器触点 KCT 闭合启动事故音响信号；图 5-5（c）是分相操作断路器的事故音响信号启动电路，任一相断路器自动跳闸均能发信号。在手动合闸操作过程中，当控制开关置于"预备合闸"和"合闸"位置瞬时，为防止断路器位置与控制开关位置不对应而引起误发事故信号，图 5-5 中均采用控制开关 SA 的触点 1-3 和 19-17、5-7 和 23-21 相串联的方法，来满足只有在"合闸后"位置才启动事故音响信号的要求。

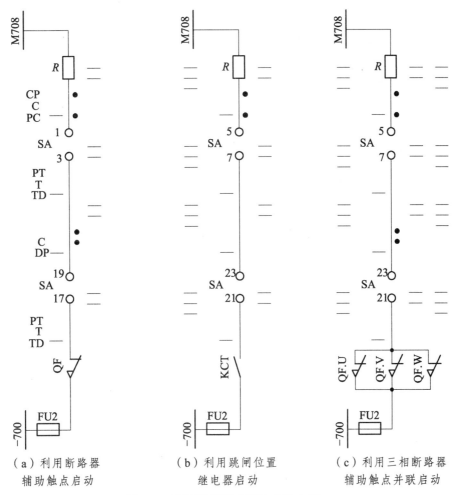

（a）利用断路器　　　　（b）利用跳闸位置　　　　（c）利用三相断路器
　　辅助触点启动　　　　　继电器启动　　　　　　辅助触点并联启动

图 5-5　事故跳闸音响信号启动电路

5. 断路器的"防跳"闭锁电路

当断路器合闸后，在控制开关 SA 触点 5-8 或自动装置触点 K1 被卡死的情况下，如遇到永久性故障，继电保护动作使断路器跳闸，则会出现多次跳-合闸现象，这种现象称为"跳跃"。如果断路器发生多次跳跃，会使其毁坏，造成事故扩大。"防跳"就是采取措施，防止这种跳跃的发生。

"防跳"措施有机械防跳和电气防跳两种。机械防跳即指操作机构本身有防跳功能，如

6～10 kV 断路器的电磁型操作机构（CD2）就具有机械防跳措施。电气防跳是指不管断路器操作机构本身是否带有机械闭锁，均在断路器控制回路中加设电气防跳电路。常见的电气防跳电路有利用防跳继电器防跳和利用跳闸线圈的辅助触点防跳两种类型。

利用防跳继电器构成的电气防跳电路如图 5-6 所示。

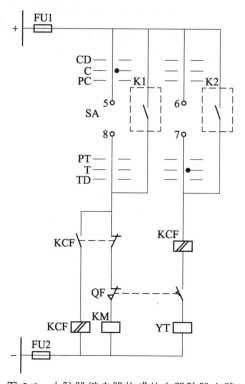

图 5-6　由防跳继电器构成的电器防跳电路

图 5-6 中，防跳继电器 KCF 有两个线圈：一个是电流启动线圈，串联于跳闸回路中；另一个是电压自保持线圈，经自身的常开触点并联于合闸接触器 KM 线圈回路上，其常闭触点则串入合闸接触器线圈回路中。当利用控制开关 SA 的触点 5-8 或自动装置触点 K1 进行合闸时，如合闸在短路故障上，继电保护动作，其触点 K2 闭合，使断路器跳闸。跳闸电流流过防跳继电器 KCF 的电流线圈，使其启动，并保持到跳闸过程结束，其常开触点 KCF 闭合；如果此时合闸脉冲未解除，即控制开关 SA 的触点 5-8 仍接通或自动装置触点 K1 被卡住，则防跳继电器 KCF 的电压线圈得电自保持，常闭触点 KCF 断开，切断合闸回路，使断路器不能再合闸。只有在合闸脉冲解除，防跳继电器 KCF 电压线圈失电后，整个电路才恢复正常。

利用跳闸线圈辅助触点构成的电气防跳电路如图 5-7（a）所示。图 5-7（b）为跳闸线圈的闭锁辅助触点示意图。当跳闸线圈不带电时，其辅助常开触点 3 断开，辅助常闭触点 4 闭合；跳闸线圈带电时，铁心被吸起，两触点改变状态。

图 5-7（a）中，如果断路器刚一合闸就自动跳闸，在跳闸线圈带电的过程中，其常闭触点打开，切断合闸回路，其常开触点闭合，使原有的合闸脉冲通至跳闸回路。这样，即使控制开关触点或自动装置触点被卡住，断路器也不能再合闸。但这又使得跳闸线圈会长时间带电，这是这种接线的缺点。

图 5-7（a）中，考虑断路器的辅助常闭触点 QF 有时会过早断开，不能保证完成合闸所需的时间，因此常用一滑动触点 QF（在合闸过程中暂时闭合）与其并联，用以保证断路器可靠合闸。

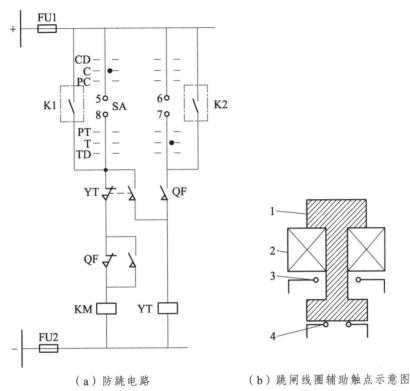

（a）防跳电路　　　　　　（b）跳闸线圈辅助触点示意图

1—铁心；2—线圈；3—YT 的辅助常开触点；4—YT 的辅助常闭触点。

图 5-7　由跳闸线圈辅助触点构成的防跳电路

（二）灯光监视的断路器控制信号电路

1. 电磁操作机构的断路器控制信号电路

电磁操作机构的断路器控制信号电路如图 5-8 所示。

图 5-8 中，+、− 为控制小母线和合闸小母线，M100（+）为闪光小母线，M708 为事故音响小母线，−700 为信号小母线（负电源），SA 为 LW2-1a、4、6a、4a、20、20/F8 型控制开关，HL1、HL2 为绿、红色信号灯，FU1~FU4 为熔断器，R_1~R_4 为附加电阻，KCF 为防跳继电器，KM 为合闸接触器，YC、YT 为合、跳闸线圈。控制信号电路动作过程如下：

（1）断路器的手动控制。手动合闸前，断路器处于跳闸位置，控制开关置于"跳闸后"位置。由正电源（+）经 SA 的触点 11-10、绿灯 HL1、附加电阻 R_1、断路器辅助常闭触点 QF、合闸接触器 KM 线圈至负电源（−），形成通路，绿灯发平光。此时，合闸接触器 KM 线圈两端虽有一定的电压，但由于绿灯及附加电阻的分压作用，不足以使合闸接触器动作。在此，绿灯不但是断路器的位置信号，还对合闸回路起了监视作用。如果回路故障，绿灯 HL1 将熄灭。

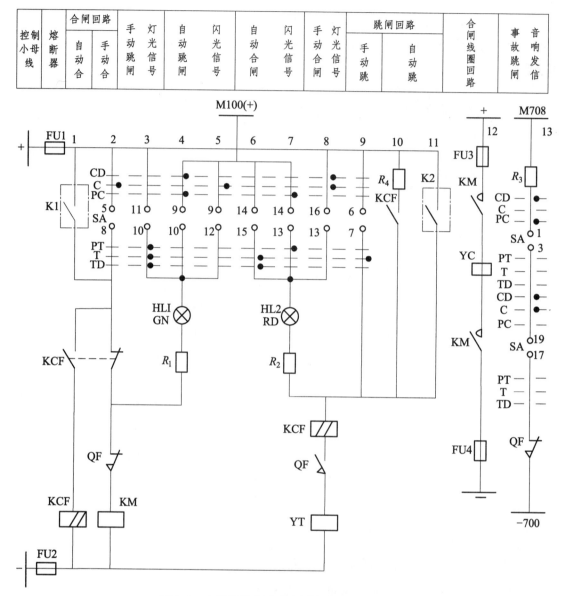

控制小母线	熔断器	合闸回路		手动跳闸	灯光信号	自动跳闸	闪光信号	自动合闸	闪光信号	手动合闸	灯光信号	跳闸回路		合闸线圈回路	事故跳闸 音响发信
		自动合	手动合									手动跳	自动跳		

图 5-8 电磁操作机构的断路器控制信号电路

在合闸回路完好的情况下，将控制开关 SA 置于"预备合闸"位置，绿灯 HL1 经 SA 的触点 9-10 接至闪光小母线 M100（＋）上，HL1 闪光。此时可提醒运行人员核对操作对象是否有误。核对无误后，将 SA 置于"合闸"位置，其触点 5-8 接通，合闸接触器 KM 线圈通电启动，其常开触点闭合，接通合闸线圈回路，使合闸线圈 YC 带电，由操作机构使断路器合闸。SA 的触点 5-8 接通的同时，绿灯熄灭。

合闸完成后，断路器辅助常闭触点 QF 断开合闸回路，控制开关 SA 自动复归至"合闸后"位置，由正电源（＋）经 SA 的触点 16-13、红灯 HL2、附加电阻 R_2、断路器辅助常开触点 QF、跳闸线圈 YT 至负电源（－），形成通路，红灯立即发平光。同理，红灯发平光表明跳闸回路完好，而且由于红灯及附加电阻的分压作用，跳闸线圈不足以动作。

手动跳闸操作时，先将控制开关 SA 置于"预备跳闸"位置，红灯 HL2 经 SA 的触点 13-14 接至闪光小母线 M100（+）上，HL2 闪光，表明操作对象无误，再将 SA 置于"跳闸"位置，SA 的触点 6-7 接通，跳闸线圈 YT 通电，经操作机构使断路器跳闸。跳闸后，断路器辅助常开触点切断跳闸回路，红灯熄灭，控制开关 SA 自动复归至"跳闸后"位置，绿灯发平光。

（2）断路器的自动控制。当自动装置动作，触点 K1 闭合后，SA 的触点 5-8 被短接，合闸接触器 KM 动作，断路器合闸。此时，控制开关 SA 仍为"跳闸后"位置。由闪光电源 M100（+）经 SA 的触点 14-15、红灯 HL2、附加电阻 R_2、断路器辅助常开触点 QF、跳闸线圈 YT 至负电源（－），形成通路，红灯闪光。所以，当控制开关手柄置于"跳闸后"的水平位置，若红灯闪光，则表明断路器已自动合闸。

当一次回路发生故障，继电保护动作，保护出口继电器触点 K2 闭合后，SA 的触点 6-7 被短接，跳闸线圈 YT 通电，使断路器跳闸。此时，控制开关为"合闸后"位置。由 M100（+）经 SA 的触点 9-10 绿灯 HL1、附加电阻 R_1、断路器辅助常闭触点 QF、合闸接触器线圈 KM 至负电源（－），形成通路，绿灯闪光。与此同时，SA 的触点 1-3、19-17 闭合，接通事故跳闸音响信号回路，发事故音响信号。所以，当控制开关置于"合闸后"的垂直位置，若绿灯闪光，并伴有事故音响信号，则表明断路器已自动跳闸。

（3）断路器的"防跳"。电气防跳电路前已叙述，现讨论防跳继电器 KCF 的常开触点经电阻 R_4 与保护出口继电器触点 K2 并联的作用。断路器由继电保护动作跳闸时，其触点 K2 可能较辅助常开触点 QF 先断开，从而烧毁触点 K2。常开触点 KCF 与之并联，在保护跳闸的同时防跳继电器 KCF 动作并通过另一对常开触点自保持。这样，即使保护出口继电器触点 K2 在辅助常开触点 QF 断开之前就复归，也不会由触点 K2 来切断跳闸回路电流，从而保护了 K2 触点。R_4 是一个阻值只有 $1 \sim 4\ \Omega$ 的电阻器，对跳闸回路无多大影响。当继电保护装置出口回路串有信号继电器线圈时，电阻 R_4 的阻值应大于信号继电器的内阻，以保证信号继电器可靠动作。当继电保护装置出口回路无串接信号继电器时，此电阻可以取消。

2. 弹簧操作机构的断路器控制信号电路

弹簧操作机构的断路器控制信号电路如图 5-9 所示。图中，M 为储能电动机，其他设备符号含义与图 5-8 相同。电路的工作原理与电磁操作机构的断路器相比，除有相同之处以外，还有以下特点：

（1）当断路器无自动重合闸装置时，在其合闸回路中串有操作机构的辅助常开触点 Q1。只有在弹簧拉紧、Q1 闭合后，才允许合闸。

（2）当弹簧未拉紧时，操作机构的两对辅助常闭触点 Q1 闭合，启动储能电动机 M，使合闸弹簧拉紧。弹簧拉紧后，两对常闭触点 Q1 断开，合闸回路中的辅助常开触点 Q1 闭合，电动机 M 停止转动。此时，进行手动合闸操作，合闸线圈 YC 带电，使断路器利用弹簧存储的能量进行合闸，合闸弹簧在释放能量后，又自动储能，为下次动作做准备。

（3）当断路器装有自动重合闸装置时，由于合闸弹簧正常运行处于储能状态，所以能可靠地完成一次重合闸的动作。如果重合不成功又跳闸，将不能进行第二次重合，但为了保证可靠"防跳"，电路中仍有防跳设施。

（4）当弹簧未拉紧时，操作机构的辅助常闭触点 Q1 闭合，发出"弹簧未拉紧"的预告信号。

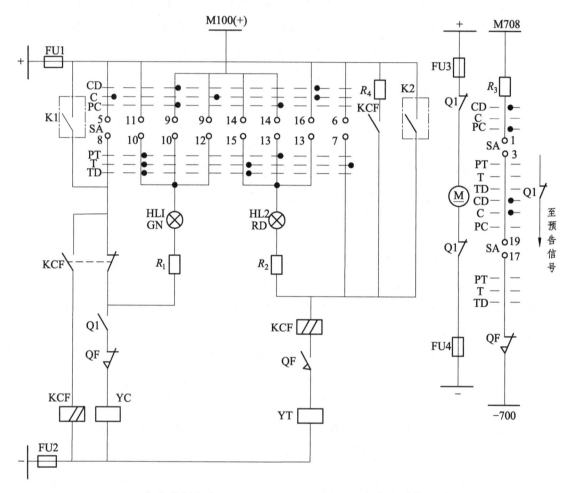

（a）控制电路　　　　　　　　　　（b）电动机启动电路　（c）信号电路

图 5-9　弹簧操作机构的断路器控制信号电路

3. 液压操作机构的断路器控制信号电路

液压操作机构的断路器控制信号电路如图 5-10 所示。

图 5-10 中，+700、-700 为信号小母线。S1 ~ S5 为液压操作机构所带微动开关的触点，微动开关的闭合和断开，与操作机构中储压器活塞杆的行程调整和液压有关；S6、S7 为压力表电触点。以上各触点的动作条件如表 5-6 所示。KM 为直流接触器，M 为直流电动机，KC1、KC2 为中间继电器，其他设备与图 5-8 相同。

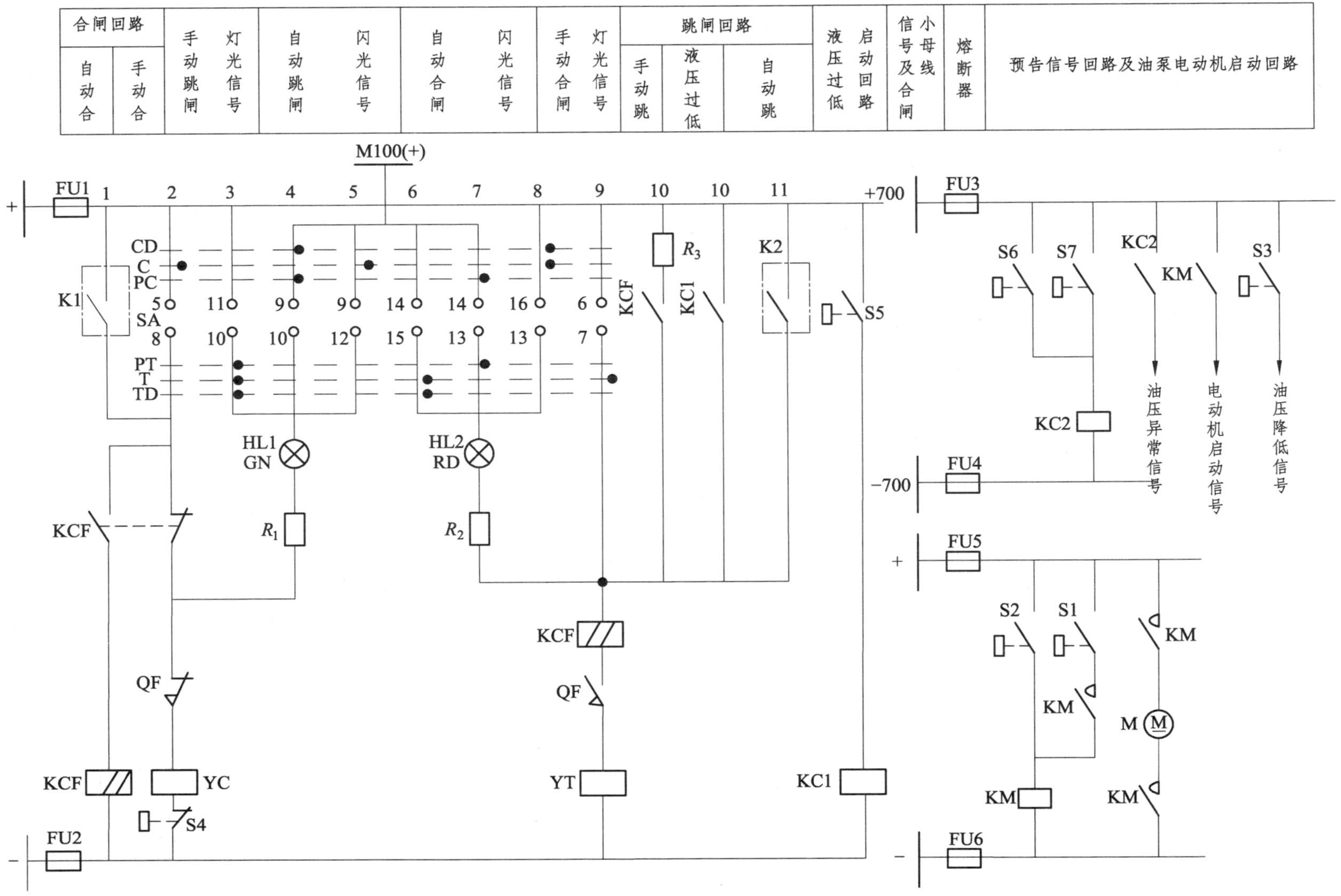

图 5-10 液压操作机构的断路器控制信号电路

表 5-6　微动开关触点及压力表电触点的动作条件

触点符号	S1	S2	S3	S4	S5	S6	S7
动作条件	<17.5 闭合	<15.8 闭合	<14.4 闭合	<13.2 断开	<12.6 闭合	<10 闭合	>20 闭合

此控制电路与电磁操作的控制电路相比，主要差别是液压操作的控制电路增设了液压监察功能。其特点如下：

（1）为保证断路器可靠工作，油的正常压力应在 15.8～17.5 MPa 的允许范围之内。运行中，由于漏油或其他原因造成油压小于 15.8 MPa 时，微动开关触点 S1、S2 闭合。S2 闭合使直流接触器 KM 线圈带电，其两对常开触点 KM 闭合，一对启动油泵电动机 M，使油压升高，同时发电动机启动信号；另一对通过闭合的微动开关触点 S1 形成 KM 的自保持回路。当油压上升至 15.8 MPa 以上时，微动开关触点 S2 断开，但 KM 并不返回，一直等到油压上升至 17.5 MPa，微动开关触点 S1 断开，KM 线圈失电，油泵电动机 M 停止运转。这样就维持了液压在要求的范围之内。

（2）液压出现异常情况时，能自动发信号。当油压降低到 14.4 MPa 时，微动开关触点 S3 闭合，发油压降低信号。当油压降低到 13.2 MPa 时，微动开关触点 S4 断开，切断合闸回路。当油压降低到 10 MPa 以下或上升到 20 MPa 以上时，压力表电触点 S6 或 S7 闭合，启动中间继电器 KC2，其触点闭合，发油压异常信号。

（3）油压严重下降，不能满足故障状态下断路器跳闸要求时，应能自动跳闸。当油压降低到 12.6 MPa 时，微动开关触点 S5 闭合，启动中间继电器 KC1，其常开触点闭合，使断路器自动跳闸且不允许再合闸。

（三）音响监视的断路器控制信号电路

音响监视的断路器控制信号电路如图 5-11 所示。

图 5-11 中，M711、M712 为预告信号小母线；M7131 为控制回路断线预告小母线；SA 为 LW2-YZ-1a、4、6a、40、20、20/F1 型控制开关；KCT、KCC 为跳闸位置继电器和合闸位置继电器；KS 为信号继电器；H 为光字牌；其他设备与图 5-8 相同。电路动作过程如下：

（1）断路器的手动控制。断路器手动合闸前，跳闸位置继电器 KCT 线圈带电，其常开触点 KCT 闭合，由 + 700 经 SA 的触点 15-14、KCT 触点、SA 的触点 1-3 及 SA 内附信号灯、附加电阻 R 至 - 700，形成通路，信号灯发平光。

手动合闸操作时，先将控制开关 SA 置于"预备合闸"位置，信号灯经 SA 的触点 13-14、2-4，KCT 的触点接至闪光小母线 M100（ + ）上，信号灯闪光。接着将 SA 置于"合闸"位置，其触点 9-12 接通，合闸接触器 KM 线圈带电启动，其常开触点闭合，合闸线圈 YC 带电，使断路器合闸。

断路器合闸后，控制开关 SA 自动复归至"合闸后"位置。此时，由于断路器合闸，合闸位置继电器 KCC 线圈带电，其常开触点闭合，由 + 700 经 SA 的触点 20-17、KCC 的常开触点、SA 的触点 2-4 及内附信号灯、附加电阻 R 至 - 700，形成通路，信号灯发平光。

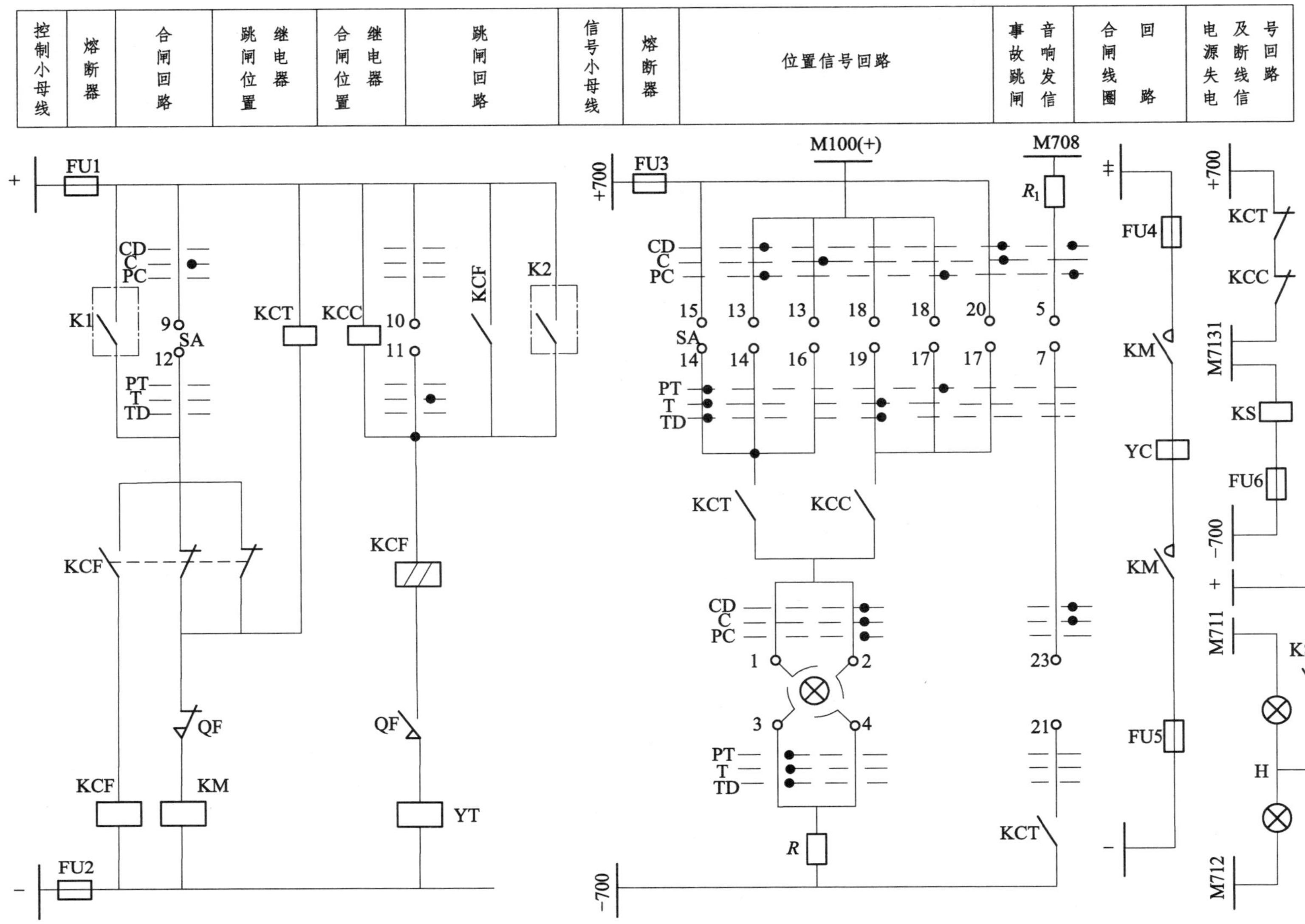

图 5-11 音响监视的断路器控制信号电路

手动跳闸操作时，先将控制开关 SA 置于"预备跳闸"位置，信号灯经 SA 的触点 18-17、1-3，KCC 的常开触点接至闪光小母线 M100（+）上，信号灯闪光。再将 SA 置于"跳闸"位置，其触点 10-11 接通，跳闸线圈 YT 带电，使断路器跳闸。断路器跳闸后，控制开关自动复归至"跳闸后"位置，信号灯发平光。

（2）断路器的自动控制。当自动装置动作，触点 K1 闭合后，SA 的触点 9-12 被短接，断路器合闸。由 M100（+）经 SA 的触点 18-19、KCC 的常开触点、SA 的触点 1-3 及内附信号灯、附加电阻 R 至 –700，形成通路，信号灯闪光；当继电保护动作，保护出口继电器触点 K2 闭合后，SA 的触点 10-11 被短接，跳闸线圈 YT 带电，使断路器跳闸。由 M100（+）经 SA 的触点 13-14、KCT 的常开触点、SA 的触点 2-4 及内附信号灯、附加电阻 R 至 –700，形成通路，信号灯闪光，同时 SA 的触点 5-7、23-21 和 KCT 常开触点均闭合，接通事故跳闸音响信号回路，发事故音响信号。

（3）控制电路及其电源的监视。当控制电路的电源消失（如熔断器 FU1、FU2 熔断或接触不良）时，跳闸和合闸位置继电器 KCT 及 KCC 同时失电，其 KCT、KCC 常开触点断开，信号灯熄灭；其 KCT、KCC 常闭触点闭合，启动信号继电器 KS，KS 的常开触点闭合，接通光字牌 H 并发出电源失电及断线音响信号。此时，通过指示灯熄灭即可找出故障的控制回路。值得注意的是，音响信号装置应带 0.2 ～ 0.3 s 的延时。这是因为当发出合闸或跳闸脉冲瞬间，在断路器还未动作时，跳闸或合闸位置继电器会瞬间被短接而失压，此时音响信号也可能动作。

当断路器、控制开关均在合闸（或跳闸）位置，跳闸（或合闸）回路断线时，都会出现信号灯熄灭、光字牌点亮并延时发音响信号。

如果控制电源正常，信号电源消失，则不发音响信号，只是信号灯熄灭。

（4）音响监视方式与灯光监视方式相比，具有以下优点：

① 由于跳闸和合闸位置继电器的存在，使控制回路和信号回路分开，这样可以防止当回路或熔断器断开时由于寄生回路而使保护装置误动作。

② 利用音响监视控制回路的完好性，便于及时发现断线故障。

③ 信号灯减半，对大型发电厂和变电站不但可以避免控制屏太拥挤，而且可以防止误操作。

④ 减少了电缆芯数（由四芯减少到三芯）。

但是，音响监视采用单灯制，增加了两个继电器（即 KCT 和 KCC）；位置指示灯采用单灯不如双灯直观。

第三节　液压分相操作断路器的控制和信号电路

为了实现单相重合闸或综合重合闸，目前 220 kV 及以上的断路器多采用分相操作机构。采用 CY3 型液压式分相操作机构的 LW6-220 I 型 SF$_6$ 断路器的控制信号电路如图 5-12 所示。

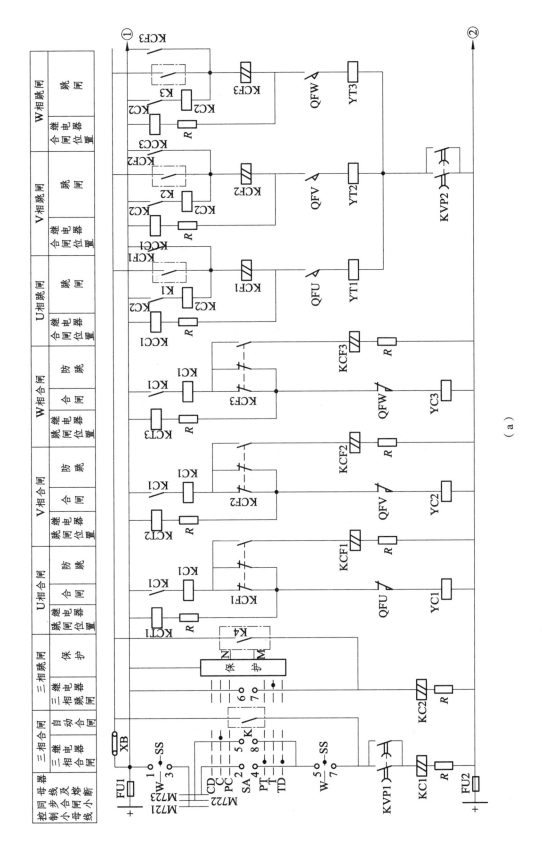

（a）

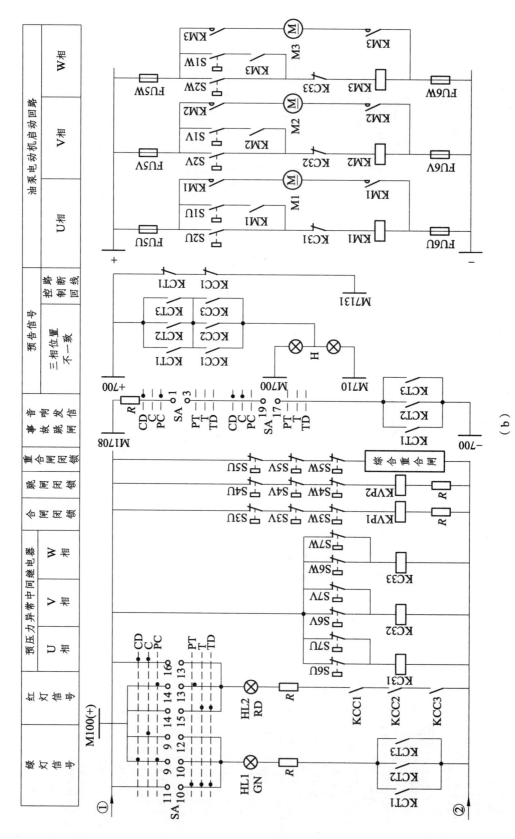

图 5-12 采用 CY3 型液压式分相操作机构的断路器控制信号回路

（b）

图 5-12 中，M721、M722、M723 为同步合闸小母线；M7131 为控制回路断线预告小母线；M709、M710 为预告信号小母线；SS 为同步开关；SA 为 LW2-Z 型控制开关；HL1、HL2、H 分别为绿灯、红灯、光字牌；KC1、KC2 为三相合闸继电器和三相跳闸继电器，它主要是为了实现三相同时手动合闸或跳闸而增设的；KCF1、KCF2、KCF3 为 U、V、W 三相的防跳继电器；KCC1、KCC2、KCC3 为 U、V、W 三相的合闸位置继电器；KCT1、KCT2、KCT3 为 U、V、W 三相的跳闸位置继电器；YC1、YC2、YC3 及 YT1、YT2、YT3 为 U、V、W 三相的合、跳闸线圈；KM1、KM2、KM3 为 U、V、W 三相的直流接触器；KC31、KC32、KC33 为 U、V、W 三相的压力中间继电器；KVP1、KVP2 为压力监察继电器；K 为综合重合闸装置中的重合出口中间继电器触点；K1、K2、K3 为综合重合闸装置中的分相跳闸继电器触点；K4 为综合重合闸装置中的三相跳闸继电器触点；XB 为连接片；S1U ~ S5U、SIV ~ S5V、S1W ~ S5W 为 U、V、W 三相的微动开关触点；S6U、S6V、S6W、S7U、S7V、S7W 为 U、V、W 三相的压力表电触点。微动开关触点及压力表电触点的动作条件如表 5-7 所示。电路动作过程如下：

表 5-7　CY3 型液压分相操作机构微动开关触点及压力表电触点的动作条件

触点符号	S1	S2	S3	S4	S5	S6	S7
动作条件	<23.5 闭合	<23 闭合	<20.1 断开	<19.1 断开	<21.6 断开	<12.7 闭合	>28.4 闭合

（1）断路器的手动控制。需要在同步条件下才能合闸的断路器，其合闸回路都经同步开关 SS 的触点加以控制。当该断路器的同步开关 SS 在"工作"（即图 5-12 中的"W"）位置时，其触点 1-3、5-7 闭合，断路器才有可能合闸。

当同步断路器满足同步条件进行合闸操作时，将控制开关 SA 置于"合闸"位置，其触点 5-8 接通，三相合闸继电器KC1 的电压线圈经压力监察继电器 KVP1 的两对常开触点接通电源，KC1 得电动作，接在 U、V、W 三相合闸回路的常开触点 KC1 均闭合，且每相经 KC1 的电流线圈（自保持作用）、防跳继电器的常闭触点、断路器的辅助常闭触点及合闸线圈形成通路，使断路器三相同时合闸。三相合闸后，断路器三相辅助常闭触点 QFU、QFV、QFW 断开，切断三相合闸回路；三相辅助常开触点 QFU、QFV、QFW 闭合，使三相的合闸位置继电器 KCC1、KCC2、KCC3 的线圈经压力监察继电器 KVP2 的常开触点接电源而带电；控制开关自动复归至"合闸后"位置，由正电源（＋）经 SA 的触点 16-13、红灯 HL2 及附加电阻 R、合闸位置继电器的三相常开触点 KCC1、KCC2、KCC3 至负电源（－），形成通路，红灯发平光。

由于液压操作机构的断路器在液压低时，既不允许合闸也不允许跳闸，所以在三相合闸和跳闸回路中串入压力监察继电器的常开触点 KVP1 和 KVP2（使用两对触点并联，以增加可靠性）。

进行断路器跳闸操作时，将控制开关 SA 置于"跳闸"位置，其触点 6-7 接通，三相跳闸继电器 KC2 的电压线圈带电，接在 U、V、W 三相跳闸回路的常开触点 KC2 均闭合，且每相经 KC2 的电流线圈、防跳继电器的电流线圈、断路器的辅助常开触点、跳闸线圈及压力监察继电器的 KVP2 常开触点形成通路，使断路器三相同时跳闸。三相跳闸后，断路器的三相辅助常开触点 QFU、QFV、QFW 断开，切断三相跳闸回路；三相辅助常闭触点 QFU、QFV、QFW 闭合，使三相的跳闸位置继电器 KCT1、KCT2、KCT3 线圈带电；控制开关自动复归至"跳闸后"位置，由正电源（＋）经 SA 的触点 11-10、绿灯 HL1 及附加电阻 R、跳闸位置继电器的常开触点 KCT1 或 KCT2 或 KCT3 至负电源（－），形成通路，绿灯发平光。

（2）断路器的自动控制。综合重合闸装置要求正常操作采用三相式，单相接地故障则单相跳闸和单相重合；两相接地及相间短路故障则三相跳闸和三相重合。

当发生单相接地故障时，综合重合闸装置中故障相的分相跳闸继电器动作，其触点 K1 或 K2 或 K3 闭合，相应故障相跳闸线圈 YT1、YT2、YT3 通电，故障相跳闸。故障相跳闸后，启动重合闸出口中间继电器 K（见综合重合闸装置原理），其常开触点闭合，使三相合闸继电器 KC1 启动，发出三相合闸脉冲。但在分相合闸回路中，只有故障相的断路器辅助常闭触点 QFU 或 QFV 或 QFW 闭合，因而只有故障相 U 或 V 或 W 自动重合。若故障为瞬时性故障，则重合闸成功。若重合于永久性故障，则接于综合重合闸 M 或 N 端子上的保护动作，使综合重合闸中的三相跳闸继电器动作，其常开触点 K4 闭合，启动三相跳闸继电器 KC2，实现断路器三相跳闸。

当发生两相接地、两相短路及三相短路故障时，综合重合闸装置中的三相跳闸继电器动作，其常开触点 K4 闭合，启动三相跳闸继电器 KC2，实现三相同时跳闸。同理，三相跳闸后，启动重合闸出口中间继电器 K 及三相合闸继电器 KC1，实现三相同时重合。

任一相断路器事故跳闸时，该相的跳闸位置继电器都动作，相应的常开触点 KCT1 或 KCT2 或 KCT3 闭合，且与 SA 的触点 1-3、19-17 串联，发出事故音响信号。当断路器出现三相位置不一致时，如 U 相跳闸，V、W 两相合闸，则常开触点 KCT1、KCC2、KCC3 闭合，接通预告信号回路（详见第五章），一方面光字牌 H 被点亮，一方面发音响信号。当控制回路断线时，常闭触点 KCT1、KCC1 闭合，发控制回路断线信号。

（3）断路器的液压监视及控制。断路器的正常油压为 23 ~ 23.5 MPa。

当油压低于 23 MPa 时，微动开关触点 S2U、S2V、S2W 闭合，启动直流接触器 KM1、KM2、KM3，三相油泵电动机启动。当油压升高至 23.5 MPa 时，微动开关触点 S1U、S1V、S1W 断开，切断接触器的自保持回路，三相油泵电动机停止运转。

当油压低于 21.6 MPa 时，微动开关触点 S5U、S5V、S5W 断开，对综合重合闸实行闭锁。

当油压低于 19.1 MPa 时，微动开关触点 S4U、S4V、S4W 断开，压力监察继电器 KVP2 线圈失电，其两对常开触点断开，切断跳闸回路；当油压低于 20.1 MPa 时，微动开关触点 S3U、S3V、S3W 断开，压力监察继电器 KVP1 线圈失电，其两对常开触点断开，切断合闸回路。

当油压升高至 28.4 MPa 以上或降低至 12.7 MPa 以下时，高压力表电触点 S7 或低压力表电触点 S6 闭合，启动压力中间继电器 KC31、KC32、KC33，其常闭触点断开，切断油泵电动机启动回路，电动机退出运行并发油压异常信号（图 5-12 中未画）。

第四节　空气断路器的控制和信号电路

110 kV 及以上的空气断路器，就配置的操作机构而言，有每相装设一台操作机构和三相共用一台操作机构两种型式；就操作方式而言，又有三相联动和分相操作两种类型。对 110 kV 的断路器，多采用三相重合闸，一般用三相联动方式；对 220 kV 及以上的断路器，多采用单相重合闸和综合重合闸，所以需用分相操作的方式。空气断路器分相操作原理与液压分相操作原理相似。空气断路器三相联动、单台操作机构的控制信号电路如图 5-13 所示。

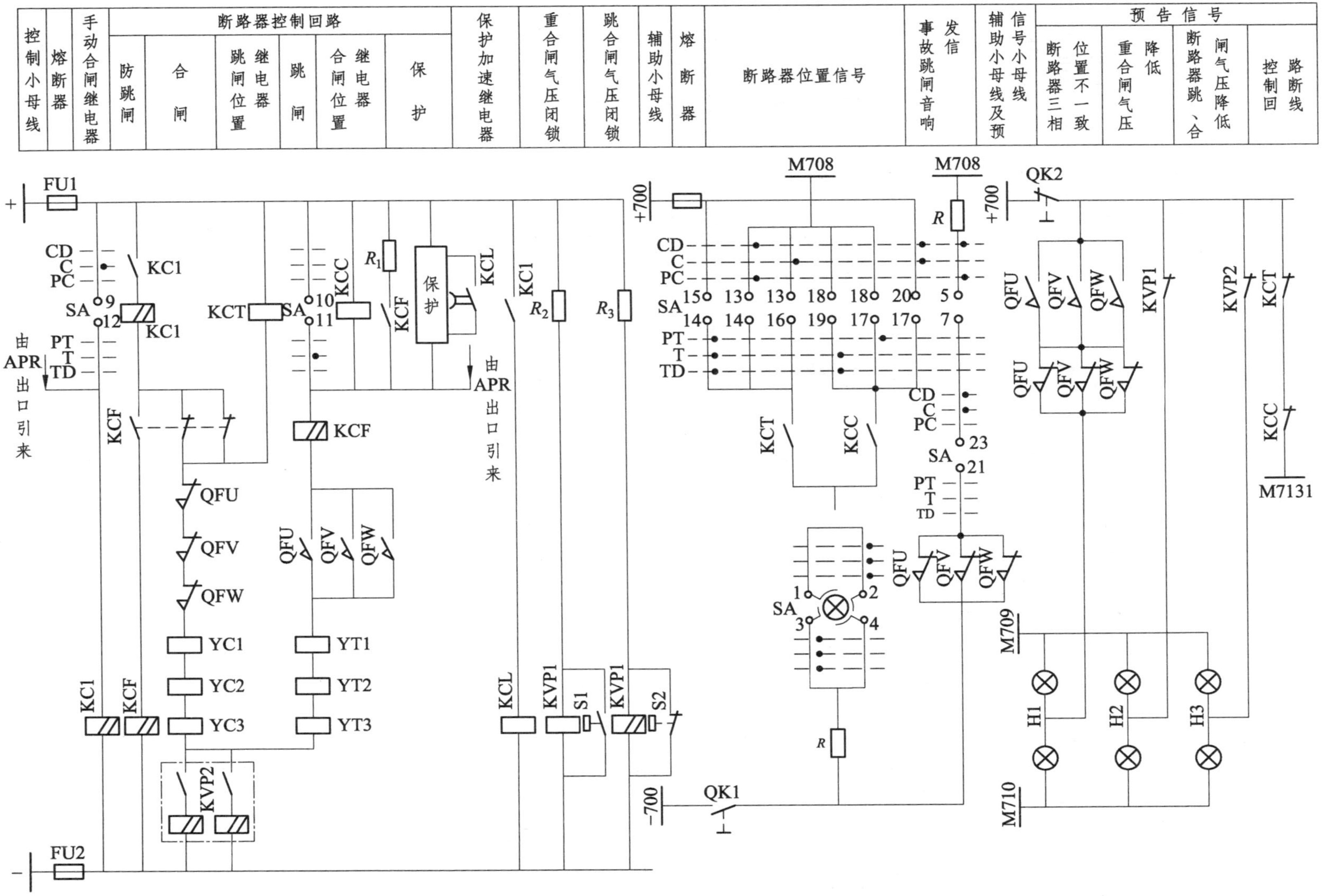

图 5-13　空气断路器三相联动、单相操作机构的控制信号回路

图 5-13 中，SA 为 LW2-YZ-la、4、6a、40、20/F1 型控制开关；KC1 为三相合闸继电器；KCC、KCT 为合闸位置继电器和跳闸位置继电器；KCF 为防跳继电器；KCL 为保护加速继电器；KVP1、KVP2 为压力监察继电器；S1、S2 为压力表电触点；QK1、QK2 为刀开关。电路的主要特点如下：

（1）三相合、跳闸线圈 YC1、YC2、YC3 和 YT1、YT2、YT3 采用串联接线，以保证三相断路器动作的一致性。

（2）三相断路器的辅助常开触点 QFU、QFV、QFW 并联后接入跳闸回路，以保证当三相断路器在触点接触不良或断线时，只要一对触点完整即可以跳闸；三相断路器的辅助常闭触点 QFU、QFV、QFW 串联后接入合闸回路，以保证三相断路器均在跳闸位置及其回路完好的情况下才可以合闸。

（3）为可靠防跳，仍采用防跳继电器。

（4）当气压低于 1.6 MPa 时，压力表电触点 S2 闭合，压力监察继电器 KVP2（型号为 YZJ1-5，带有一个电压线圈和三个电流线圈）电压线圈失电，其两对并联的常开触点断开（正常时靠自身的电流线圈实现自保持），切断跳、合闸回路，其常闭触点闭合，发断路器跳、合闸气压降低信号；当气压低于 1.65 MPa 时，压力表电触点 S1 闭合，压力监察继电器 KVP1 线圈失电，其常闭触点闭合，发重合闸气压降低信号，并有一对触点（该触点在重合闸装置电路中）闭锁重合闸回路。

压力监察继电器 KVP2 的两对带有自保持线圈的常开触点，在气压降低时实现断路器跳、合闸闭锁，在正常时只要回路中的断路器辅助触点不断开，使 KVP2 能自保持，就能保证断路器可靠跳闸及不致使 KVP2 触点烧坏。

（5）事故跳闸音响信号回路采用三相断路器辅助常闭触点并联，以保证任一相断路器事故跳闸均发信号；断路器三相位置不一致信号利用三相断路器辅助常开触点（并联）与常闭触点（并联）串联发出；控制回路断线信号则由合闸位置继电器和跳闸位置继电器的常闭触点串联发出。

复习思考题

1. 强电控制电压一般为____或____，按其控制地点可分为_____、_____。
2. 操作机构可分为_____、_____、_____、_____、_____。
3. 断路器操作机构中的合、跳闸线圈是按_____设计的。
4. "防跳"措施有_____和_____两种。
5. 对断路器控制回路有哪些基本要求？

6. 以图 5-8 为例，阐述手动合闸及手动跳闸的操作过程。

7. 断路器的"防跳"指的是什么？防跳继电器的作用是什么？

8. 简述红灯串入跳闸回路及绿灯串入合闸回路的作用。

9. 在什么情况下断路器控制信号电路发生闪光信号？如何发出？

10. 双灯制灯光监视的断路器控制回路中，信号灯在什么时候会闪光？

11. 一次系统图如图 5-14 所示。QF2 断路器的控制信号电路如图 5-8 所示。现欲在原电路的基础上增加如下两项功能，试设计电路图，并作简要说明。

（1）在 QF1、QF2 皆为合闸状态，QF1 跳闸时，联动跳开 QF2。

（2）在图 5-8 中，信号灯 HL1、HL2 是安装在控制屏上的，现在要在配电装置处（即断路器处）也设信号灯 HL3（红灯）、HL4（绿灯）。

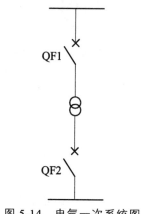

图 5-14　电气一次系统图

第六章　隔离开关的控制及闭锁回路

高压隔离开关是发电厂和变电站电气系统中重要的开关电器,需与高压断路器配套使用,其主要功能是保证高压电器及装置在检修工作时的安全,起隔离电压的作用,不能用于切断、投入负荷电流和开断短路电流,仅可用于不产生强大电弧的某些切换操作,即是说它不具有灭弧功能。

隔离开关按安装地点不同分为屋内式和屋外式,按绝缘支柱数目分为单柱式、双柱式和三柱式,各电压等级都有可选设备。其主要用途是:① 隔离电源,从而使带电和不带电设备之间有明显的空气间隙;② 倒闸操作,隔离开关可以在双母线接线中将设备或供电线路从一组母线切换到另一组母线上;③ 断开或接通小电流电路,如空载短线路、空载中小型变压器以及空载母线;④ 可以与接地刀闸互锁实现接地操作,操作顺序为"先断开隔离开关,后闭合接地刀闸;先断开接地刀闸,后闭合隔离开关"。

第一节　隔离开关的控制回路

隔离开关操动机构有手动、电动、气动和液压传动等型式,除手动机构外,其他各种都具备就地和远方控制的条件。一般对 330～500 kV 倒闸操作用的隔离开关应能远方及就地操作,检修用的隔离开关、接地刀闸和母线接地器宜就地操作。220 kV 及以下电压的隔离开关、接地刀闸和母线接地器宜就地操作。

一、隔离开关控制回路的构成原则

(1)防止带负荷拉合隔离开关,所以其控制回路必须和相应的断路器闭锁。
(2)防止带电荷接地刀闸或接地器,防止带地线合闸及误入带电间隔。
(3)操作脉冲是短时的,并在完成操作后自动撤除。
(4)操作用隔离开关应有其所处状态的位置信号。

二、隔离开关的控制接线

隔离开关的动力式操作机构有气动、电动、电动液压操作三种形式,相应的控制电路也有以下三种类型。

1. 气动操作隔离开关的控制回路

对于 GW4-110 型、GW4-220 型和 GW7-330 型的户外式隔离开关，其操作机构常用 CQ2 型气动操作机构。采用直流控制的隔离开关控制电路如图 6-1 所示。

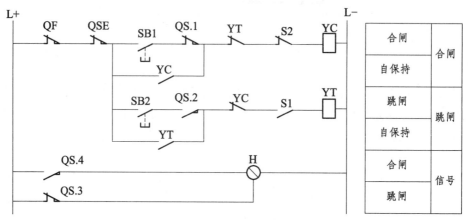

图 6-1　气动操作隔离开关控制回路

隔离开关合闸操作时，在具备合闸条件下，即相应断路器 QF 在跳闸状态、接地刀闸 QSE 在断开状态（其辅助常闭触点闭合）、隔离开关 QS 在跳闸终端位置（其辅助常闭触点和跳闸终端开关 S2 闭合），按下合按 SB1，合闸回路接通，合闸线圈 YC 带电，隔离开关进行合闸，并通过常开触点 YC 自保持，使隔离开关合闸到位隔离开关合闸后，跳闸终端开关 S2 断开，合闸线圈 YC 失电返回，自动切除合闸脉冲。同时，隔离开关辅助常开触点 QS.4 闭合，启动位置指示器 H 的线圈，使其内标线处于垂直的合闸指示位置。

隔离开关跳闸操作时，在具备跳闸条件下，即相应断路器 QF 在跳闸状态、接地刀闸 QSE 在断开状态（其辅助常闭触点闭合）、隔离开关 QS 在合闸终端（其辅助常开触点和合闸终端开关 S1 闭合），按下跳按 SB2，跳闸回路由 L + 经断路器辅助常闭触点 QF、接地刀闸辅助常闭触点 QSE、SB2、QS2 线圈常闭触点 YC、合闸终端开关 S1、跳闸线圈 YT 至电源 L – 接通，跳闸线圈 YT 带电，隔离开关进行跳闸，并通过常开触点 YT 自保持，使隔离开关跳闸到位。隔离开关跳闸后，合闸终端开关 S1 断开，跳闸线圈 YT 失电返回，自动切除跳闸脉冲。同时，隔离开关辅助常闭触点 QS.3 闭合，启动位置指示器 H 的线圈，使其内部标线处于水平的跳闸位置。

2. 电动操作隔离开关的控制电路

GW4-220D/1000 型户外式隔离开关的操作机构常采用 CJ5 型电动操作机构。采用交流控制的隔离开关控制电路如图 6-2 所示。

隔离开关合闸操作时，在具备合闸条件下，即断路器 QF 在跳闸状态、接地刀闸 QSE 在断开状态、隔离开关 QS 在跳终端位置并无跳闸操作（跳接器 2 启动）的情况下，按下合按 SB1，启动合闸接触器 Q1，其常开触点（三对）合启动交流电动机 M，使其正方向转动，隔离开关进行合闸，并通过合闸接触器辅助常开触点 Q1.1 自保持，使隔离开关合闸到位。隔离开关合闸后，跳闸终端开关 S2 断开，使合闸接触器 Q1 失电返回，电动机 M 停转，自动切除合闸脉冲。

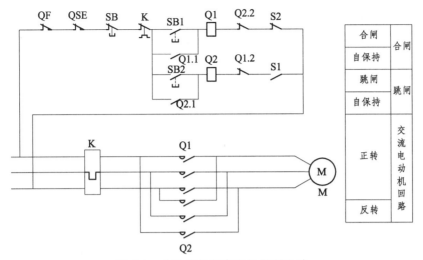

图 6-2 电动操作隔离开关控制电路

同理，隔离开关跳闸操作时，在断路器为跳闸状态，接地刀闸在断开状态，隔离开关在合闸终端位置并无合闸操作（合闸接触器 Q1 启动）的情下，按下跳闸按钮 SB2，跳闸接触器 Q2 启动，并启动交流电动机 M 使其反方向转动，隔离开关进行跳闸，并通过常开触点 Q2.1 自保持，使其跳闸到位。跳闸后，合闸终端开关 S1 断开，切除跳闸脉冲。

如果在合闸或跳闸操作过程中，由于某种原因，要立即停止操作时，可按下紧急解除按钮 SB，切除合闸或跳闸脉冲。

在电动机 M 启动后，若电动机回路故障，热断路器 K 动作，其常闭触点断开控制回路，停止操作。此外，利用合、跳闸接触器常闭触点 Q1.2、Q2.2 相闭锁跳、合闸回路，以避免操作程序混乱。

3. 电动液压操作控制电路

GW6-220G 型、GW7-220 型和 GW7-330 型户外式隔离开关的操作机构可采用 CYG-1 型电动液压操作机构。采用交流控制的隔离开关控制电路如图 6-3 所示。

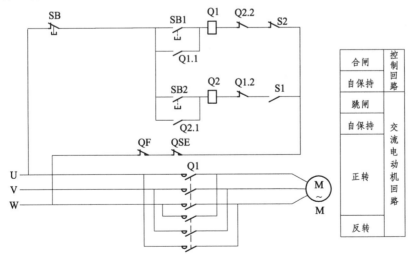

图 6-3 电动液压操作隔离开关控制电路

该电路的合、跳闸操作过程与前两种电路类似，这里不再分析。

三、隔离开关的信号回路

隔离开关的信号主要依据位置指示器来表示开关所处的位置。隔离开关的位置指示器装于控制屏模拟主接线的相应位置上，常用的有手动模拟牌、电动式位置指示器。手动模拟牌用于不需要经常倒换操作的隔离开关，需要经常倒换操作的隔离开关可装设 MK-9T 型电动式位置指示器。

MK-9T 型位置指示器由两个电磁铁线圈和一个可转动的条形衔铁组成，如图 6-4（b）所示。

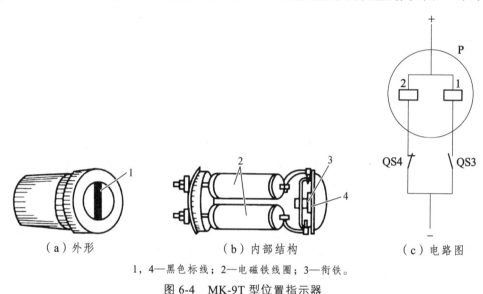

（a）外形　　　　　　（b）内部结构　　　　（c）电路图

1，4—黑色标线；2—电磁铁线圈；3—衔铁。

图 6-4　MK-9T 型位置指示器

两个电磁铁线圈分别由隔离开关的动合辅助触点 QS3、动断辅助触点 QS4 控制；舌片用永久磁铁做成，黑色标线与舌片固定连接。当隔离开关的位置改变时，隔离开关的辅助触点 QS3、QS4 的通断状态切换，两线圈的通断状态也改变线圈磁场方向发生改变，舌片改变位置，黑色标线也随之改变位置。

当隔离开关 QS 处于合闸位置时，其动合辅助触点 QS3 闭合，则电流通过电磁铁线圈，黑色指示标线停留在垂直位置；当隔离开关处于跳闸位置时，其动断辅助触点 QS4 闭合，则电流通过另一个电磁线圈，黑色指示标线停留在水平位置；当两个电磁铁线圈内均无电流通过时，黑色指示标线在弹簧压力作用下停留在 45°角位置。

第二节　隔离开关电气闭锁回路

如果带负荷拉、合隔离开关，将会产生严重后果，为了避免这种误操作的出现，除了在隔离开关控制电路中串入相应断路器的辅助动断触点外，还需要装设专门的闭锁装置。闭锁装置分机械闭锁和电气闭锁两种形式。6~10 kV 配电装置一般采用机械闭锁装置；35 kV 及以上电压等级的配电装置，主要采用电气闭锁装置。

一、机械闭锁

机械闭锁是利用设备的机械传动部位的互锁来实现的。如成套开关柜中断路器与隔离开关之间、隔离开关与接地开关之间、主电路与柜门之间，以及 35 kV 及以上户外配电装置中装成一体的隔离开关与接地开关之间的闭锁。这种闭锁方式是简单、有效的防误闭锁方式。

二、电气闭锁装置

电气闭锁装置是通过接通或断开操作电源而达到闭锁目的的一种装置。对采用气动、电动和液压操动机构的隔离开关，在其控制电路中设闭锁接线；对手动操作的隔离开关、接地开关，装设电磁锁闭锁装置，装置由电磁锁和闭锁电路两部分组成。

（一）电磁锁

电磁锁的结构如图 6-5（a）所示。主要由电锁Ⅰ和电钥匙Ⅱ组成。电锁Ⅰ由锁芯 1、弹簧 2 和插座 3 组成。电钥匙Ⅱ由插头 4、线圈 5、电磁铁 6、解除按钮 7 和钥匙环 8 组成。在每个隔离开关的操作机构上装有一把电锁，电锁固定在隔离开关的操动机构上，电钥匙可以取下，全厂（站）备有 2~3 把电钥匙作为公用。电锁用来锁住操动机构的转动部分。在电钥匙不带电时，锁芯 1 在弹簧 2 压力作用下，锁入操作机构的小孔内，使操作手柄Ⅲ不能转动。只有在相应断路器处于跳闸位置时，才能用电钥匙打开电锁，对隔离开关进行合、跳闸操作。

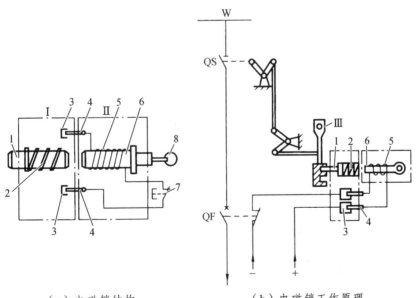

（a）电磁锁结构　　　　　　（b）电磁锁工作原理

Ⅰ—电锁；Ⅱ—电钥匙；Ⅲ—操作手柄；1—锁芯；2—弹簧；3—插座；
4—插头；5—线圈；6—电磁铁；7—解除按钮；8—钥匙环。

图 6-5 电磁锁

电磁锁的工作原理如图 6-5（b）所示，断路器在分闸位置时隔离开关可以操作。当断路器在断开位置时，其操动机构上的动断辅助触点接通，给插座 3 加上直流电压。如果需要断开隔离开关 QS，可将电钥匙的插头 4 插入插座 3 内，线圈 5 中就有电流流过，使电磁铁 6 被磁化吸出锁芯 1，锁就打开了，此时利用操作手柄Ⅲ，即可拉断隔离开关。隔离开关拉断后，取下电钥匙插头 4，使线圈 5 断电，释放锁芯 1，锁芯 1 在弹簧 2 压力作用下，又锁入操作机构小孔内，锁住操作手柄。合上隔离开关的操作过程与上述过程类似。

当断路器在合闸位置时，由于其动断辅助触点是断开的，电磁锁插座上没有电源，即便把电钥匙的插头插入插座，电锁也不能被打开，隔离开关不能进行跳、合闸的操作，防止了带负荷拉隔离开关的误操作发生。

（二）电气闭锁电路

1. 单母线隔离开关闭锁电路

单母线隔离开关闭锁电路如图 6-6 所示。YA1、YA2 分别对应于隔离开关 QS1、QS2 电磁锁，所表示的实际为电磁锁的插座。闭锁电路由相应断路器 QF 合闸电源供电。

断开线路时，首先应断开断路器 QF，使其辅助动断触点闭合，则负电源（−）接至电磁锁开关 YA1 和 YA2 的下端。用电匙使电磁锁开关 YA2 闭合，即打开了隔离开关 QS2 的电磁锁，拉断隔离开关 QS2 后取下电钥匙，使 QS2 锁在断开位置；再用电钥匙打开隔离开关 QS1 的电磁锁开关 YA1，拉断隔离开关 QS1 后取下电钥匙，使 QS 锁在断开位置。

对于单母线馈线隔离开关，若采用气动、电动、电动液压操作的隔离开关，也可不必装设电磁锁，因为在其控制电路中已经考虑相应的闭锁回路。

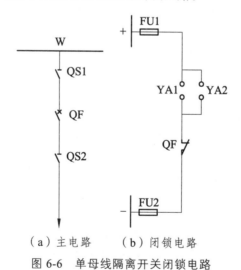

（a）主电路　　（b）闭锁电路

图 6-6　单母线隔离开关闭锁电路

2. 双母线隔离开关闭锁电路

图 6-7 所示为双母线隔离开关闭锁电路，M880 为隔离开关操作闭锁小母线。只有在母联断路器 QF 和隔离开关 QS1、QS2 均在合闸位置时，隔离开关操作闭锁小母线 M880 经支路才与负电源（−）接通，即双母线并列运行时，M880 才取得负电源。

在双母线配电装置中，除一般断开或投入线路的操作外，为了切换负荷，还经常需要在不断开线路断路器的情况下，进行母线隔离开关的切换操作。隔离开关的操作原则是：等电位时隔离开关可自由操作。当 QS4 断开，QF1 在分闸位置时，可操作 QS3；当 QS3 断开，断路器在分闸位置时，可操作 QS4；当母联断路器 QF 及两侧隔离开关 QS1、QS2 均投入时（即双母线并列运行），如果 QS3 已投入，可操作 QS4，QS4 已投入，则可操作 QS3；QF1 在分闸时，可操作 QS5。

假定隔离开关 QS3、QS5 在合闸位，QS4 断开时，说明图 6-7 所示系统电气闭锁的操作过程。

（1）手动断开线路操作。先断开线路断路器 QF1，把合闸小母线电源加到电锁 YA3 和 YA5 的插座上，用电匙打开线路隔离开关 QS5 手柄上的电锁 YA5，并断开 QS5。继而用电钥匙打开母线隔离开关 QS3 的手柄上的电锁 YA3，并断开 QS3，完成手动断开线路的操作。

（2）手动投入线路操作。先用电钥匙打开 QS3 手柄上的电锁 YA3，合上 QS3；再用电钥匙打开 QS5 手柄上的电锁 YA5，合上 QS5；最后合上线路断路器 QF1，使线路接到母线上运行。

断路器在合闸位置时，因电气闭锁回路被断路器的动断辅助触点切断，电钥匙线圈不带电，电锁铁心不能被吸出，隔离开关就被闭锁，不能动作，不会造成隔离开关误动作。

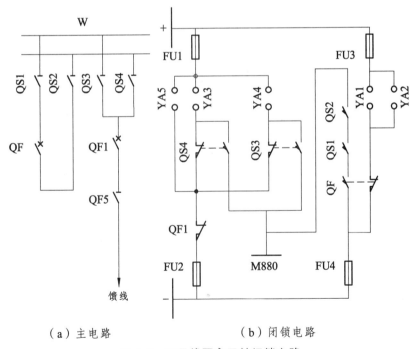

（a）主电路　　　　　　（b）闭锁电路

图 6-7　双母线隔离开关闭锁电路

（3）线路由 I 段母线切换到 II 段母线上供电。如果断路器 QF1、线路隔离开关 QS5、QS3 在合闸位置，而此时母联断路器 QF 和隔离开关 QS1、QS2 以及 QS4 在断开位置，要求在不断开 QF1 及 QS5 的条件下，将线路切换到 I 段母线上供电。其倒闸操作顺序如下：

用电钥匙打开两台母联隔离开关 QS1、QS2 的电锁 YA1 和 YA2，合上隔离开关 QS1 和 QS2，再合上母联断路器 QF。用电钥匙打开母线隔离开关 QS4 操作机构上的电锁 YA4，并把 QS4 投入 I 段母线上。在 QS4 投入后，因两母线已等电位，QS3 与 QS4 之间没有电位差，所以可用电钥匙继续打开电锁 YA3，并将 QS3 从 I 段母线上断开。至此，线路已切到 I 段母线上运行。断开母联断路器 QF，之后用电钥匙分别打开电锁 YA1 和 YA2，断开母联隔离开关 QS1 和 QS2，线路由 I 段母线转到 II 段母线的全部倒闸操作完成。

复习思考题

1. 隔离开关按安装地点不同分为 _____ 、 _____ ；按绝缘支柱数目分为 _____ 、 _____ 和 _____ 。

2. 隔离开关的动力式操作机构有 _____ 、 _____ 、 _____ 操作三种形式。

3. 简述隔离开关的主要作用。

4. 为什么要对隔离开关及接地开关设置操作闭锁？

5. 利用图 6-1 说明 QF、QSE、QS 常闭触点的作用，并说明合、跳闸的操作过程。

第七章 中央信号系统及其他信号系统

第一节 信号回路的类型和基本要求

在发电厂和变电站中，运行人员为了及时发现与分析故障，迅速消除和处理事故，统一调度和协调生产，除了依靠测量仪表来监视设备运行情况外，还必须借助灯管和音响信号装置来反映设备正常和非正常的运行状况。

一、信号回路的类型

信号回路按其电源可分为强电信号回路和弱电信号回路。本章只介绍强电信号电路。

信号回路按其用途可分为事故信号、预告信号和位置信号三种。

（1）事故信号。当断路器故障引起事故跳闸时，继电保护动作启动蜂鸣器发出较强的音响，以引起运行人员注意，同时断路器位置指示灯发出闪光，指明事故对象及性质。

（2）预告信号。当设备出现不正常运行状况时，继电保护动作启动警铃发出音响，同时标有故障性质的光字牌也点亮。它可以帮助运行人员发现设备隐患，以便及时处理。常见的预告信号有：发电机、变压器的过负荷；汽轮发电机转子回路一点接地；变压器轻瓦斯保护动作；变压器油温过高；强行励磁保护动作；电压互感器二次回路断线；交、直流回路绝缘损坏；控制回路断线及其他要求采取措施的不正常情况，如液压操作机构压力异常等。

（3）位置信号。位置信号包括断路器位置信号和隔离开关位置信号。前者用灯光表示其合、跳闸位置；后者用专门的位置指示器或灯光表示其位置状态。

在上述信号中，事故信号和预告信号通常统称为中央信号。

中央信号回路按音响信号的复归办法可分为就地复归和中央复归；按其音响信号的动作性能可分为能重复动作和不能重复动作。本章介绍中央复归能重复动作的中央信号回路。

二、信号回路的基本要求

发电厂和变电站的信号回路应满足以下要求：

（1）设备故障断路器事故跳闸时，能及时发出音响信号（蜂鸣器声），并使相应的位置指示灯闪光，亮"掉牌未复归"光字牌。

（2）设备出现不正常状态时，能及时发出区别于事故音响的另一种音响（警铃声），并使显示故障性质的光字牌点亮。

（3）中央信号应能保证断路器的位置指示正确。对音响监视的断路器控制信号电路，应能实现亮屏（运行时断路器位置指示灯亮）或暗屏（运行时断路器位置指示灯暗）运行。

（4）对事故信号、预告信号及其光字牌，应能进行是否完好的试验。

（5）音响信号应能重复动作，并能手动及自动复归，而故障性质的显示灯仍保留。

（6）大型发电厂及变电站发生事故时，应能通过事故信号的分析迅速确定事故的性质。

第二节　中央事故信号系统

具有中央复归能重复动作的事故信号电路的主要元件是冲击继电器，它可接受各种事故脉冲，并转换成音响信号。冲击继电器有各种不同的型号，但其共同点是都具有接收信号的元件（如脉冲变流器或电阻器）以及相应的执行元件。图 7-1 为事故音响信号启动电路。

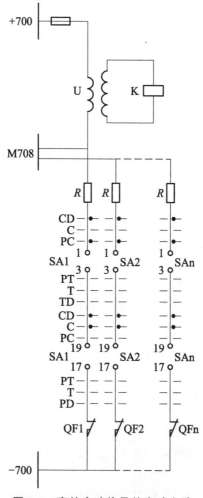

图 7-1　事故音响信号的启动电路

图 7-1 中，+700、-700 为信号小母线；U 为脉冲变流器；K 为执行元件的继电器。当发生事故跳闸时，接于事故音响小母线 M708 和 -700 之间的任一不对应启动回路接通（如

控制开关 SA1 的触点 1-3、19-17 与断路器辅助常闭触点 QF1 形成的通路），在变流器 U 的一次侧将流过一个持续的直流电流（阶跃脉冲），而在 U 的二次侧，只有在一次侧电流从初始值达到稳定值的瞬变过程中才有感应电动势产生，与之相对应的二次侧电流是一个尖峰脉冲电流，此电流使执行元件继电器 K 动作。K 动作后，再启动后续电路。当变流器 U 的一次侧电流达到稳定值后，二次侧的感应电动势最小时，继电器 K 可能返回，也可能不返回，依据继电器 K 的类型而定。不论继电器返回与否，音响信号将靠本身的自保持回路继续发送，直至中央事故信号回路发出音响接触命令为止。当前次发出的音响信号被解除，而相应启动回路尚未复归，第二台断路器 QF2 又自动跳闸，第二条不对应回路（SA2 的触点 1-3、19-17 和断路器辅助常闭触点 QF2 形成的通路）接通，在小母线 M708 与 – 700 之间又并联一支启动回路，从而使变流器 U 一次侧电流发生变化（每一并联支路中均串有电阻 R），二次侧感应出脉冲电动势，使继电器 K 再次启动。可见，变流器不仅接受了事故脉冲并将其变成执行元件动作的尖峰脉冲，而且把启动回路与音响信号回路分开，以保证音响信号一经启动，即与启动它的不对应回路无关，从而达到音响信号重复动作的目的。

下面介绍利用干簧继电器作执行元件的 ZC 系列冲击继电器、利用极化继电器作执行元件的 JC 系列冲击继电器及利用半导体器件构成的 BC 系列冲击继电器。

一、由 ZC-23 型冲击继电器构成的中央事故信号电路

（一）ZC-23 型冲击继电器的内部电路及工作原理

ZC-23 型冲击继电器的内部电路如图 7-2 所示。图 7-2 中，U 为变流器；KC 为中间继电器；KRD 为干簧继电器；VD1、VD2 为二极管；C 为电容器。

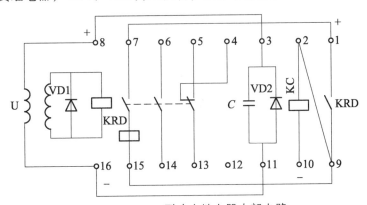

图 7-2　ZC-23 型冲击继电器内部电路

干簧继电器由干簧管和线圈组成，其结构原理如图 7-3 所示。干簧管是一个密封的玻璃管，其舌簧触点烧结在与簧片热膨胀系数相适应的红丹玻璃管中，管内充以氮气等惰性气体，以减少触点污染及电腐蚀。舌簧片由坡莫合金制成，具有良好的导磁性和弹性。舌簧触点表面镀有金、铑、钯等金属，以保证良好的通断能力，并延长寿命。当线圈中通入电流时，在线圈内有磁通穿过，使舌簧片磁化，其自由端产生的磁极性正好相反。当通过的电流达到继电器的启动值时，干簧片靠磁的"异性相吸"而闭合，接通外电路；当线圈中的电流降低到

继电器的返回值时，舌簧片靠自身弹性返回，触点断开。干簧继电器动作无方向性，且具有灵敏度高、消耗功率少、动作速度快（约几毫秒）、结构简单、体积小的特点。

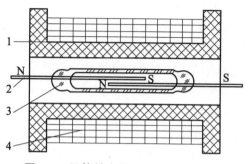

图 7-3　干簧继电器 KRD 的结构原理

ZC-23 型冲击继电器的基本原理：利用串接在直流信号回路的微分变流器 U，将回路中跃变后持续的矩形电流脉冲变成短暂的尖峰电流脉冲，去启动干簧继电器 KRD，干簧继电器 KRD 的常开触点闭合，去启动出口中间继电器 KC。微分变流器一次侧并接的二极管 VD2、电容 C 起抗干扰作用；其二次侧并接的二极管 VD1 的作用是把由于一次回路电流突然减少而产生的反向电动势所引起的二次电流旁路掉，使其不流入干簧继电器 KRD 线圈。因为干簧继电器动作无方向性，任何方向的电流都能使其动作。

（二）ZC-23 型冲击继电器构成的中央事故信号电路及工作原理

ZC-23 型冲击继电器构成的中央事故信号电路如图 7-4 所示。图 7-4 中，SB1 为试验按钮；SB3 为音响接触按钮；K 为冲击继电器；KC1、KC2 为中间继电器；KT1 为时间继电器；KVS1 为熔断器监察继电器。其动作过程如下：

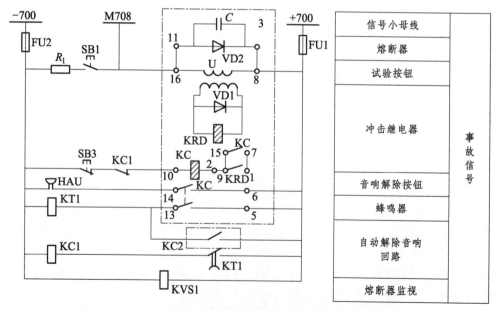

图 7-4　ZC-23 型冲击继电器构成的中央事故信号电路

1. 事故信号的启动

当断路器发生事故跳闸时，对应事故单元的控制开关与断路器的位置不对应，信号电源 − 700 接至事故音响信号小母线 M708 上（见图 7-1），给出脉冲电流信号，经变流器 U 微分后，送入干簧继电器 KRD 的线圈中，其常开触点闭合，启动出口中间继电器 KC，使冲击继电器 K 的端子 6 和端子 14 接通，启动蜂鸣器 HAU，发出音响信号。当变流器二次侧感应电动势消失后，干簧继电器 KRD 线圈中的尖峰脉冲电流消失，即 $\dfrac{\mathrm{d}i}{\mathrm{d}t}=0$，KRD 触点返回，而中间继电器 KC 经其常开触点自保持。

2. 事故信号的复归

由出口中间继电器 KC 启动时间继电器 KT1，其触点经延时后闭合，启动中间继电器 KC1，KC1 的常闭触点断开，使中间继电器 KC 线圈失电，其 3 对常开触点全部返回，音响信号停止，实现了音响信号的延时自动复归。此时，启动回路的电流虽没消失，但已到稳态，干簧继电器 KRD 不会再启动中间继电器 KC，这样冲击继电器所有元件都复归，准备二次动作。此外，按下音响接触按钮 SB3，可实现音响信号的手动复归。

当启动回路的脉冲电流信号中途突然消失时，由于变流器 U 的作用，在干簧继电器 KRD 的线圈上产生的反向脉冲被二极管 VD1 旁路掉，则 KRD 及 KC 都不会动作。

3. 事故信号的重复动作

事故信号的重复动作是必要的，因为在大型发电厂和变电站中断路器的数量较多，所以出现连续事故跳闸是可能的。当第二个事故信号到来时，则在第一个稳定电流信号的基础上再叠加一个矩形的脉冲电流。在变流器 U 一次侧电流突变的瞬间，其二次侧又感应出电动势，产生尖峰电流，使干簧继电器 KRD 启动。动作过程与第一次动作过程相同，即实现了音响信号的重复动作。

4. 音响信号的试验

为了确保中央事故信号经常处于完好的状态，在电路中装设了音响试验按钮 SB1。按下 SB1，冲击继电器 K 启动，蜂鸣器响，再经延时解除音响，从而实现了手动模拟断路器事故跳闸的情况。

5. 事故信号电路的监视

监察继电器 KVS1 用来监视熔断器 FU1 和 FU2。当 FU1 或 FU2 熔断或接触不良时，KVS1 线圈失电，其常闭触点（在预告信号回路）闭合，点亮"事故信号熔断器熔断"光字牌，并启动预告信号回路。

二、JC-2 型冲击继电器构成的中央事故信号电路

（一）JC-2 型冲击继电器的内部电路及工作原理

JC-2 型冲击继电器的内部电路如图 7-5 所示。图 7-5 中，KP 为极化继电器。此继电器具

有双位置特征，其结构原理如图 7-6 所示。线圈 1（L1）为工作线圈，线圈 2（L2）为返回线圈，若线圈 1 按图示极性通入电流，根据右手螺旋定则，电磁铁 3 及与其连接的可动衔铁 4 的上端呈 N 极、下端呈 S 极，电磁铁产生的磁通与永久磁铁产生的磁通相互作用，产生力矩，使极化继电器动作，触点 6 闭合（图中位置）。如果线圈 1 中流过相反方向的电流或在线圈 2 中按图示极性通入电流时，可动衔铁的极性改变，触点 6 复归。

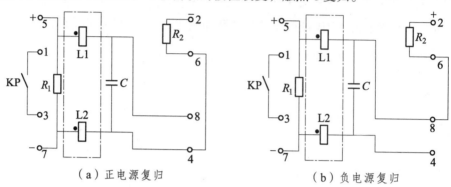

（a）正电源复归　　　　　　　　　　（b）负电源复归

图 7-5　JC-2 型冲击继电器的内部电路

JC-2 型冲击继电器是利用电容充放电启动极化继电器的原理构成的。启动回路动作时，产生的脉冲电流自端子 5 流入，在电阻 R_1 上产生一个电压增量，该电压增量即通过继电器的两个线圈，给电容 C 充电，其充电电流使极化继电器动作。当充电电流消失后，极化继电器仍保持在动作位置。其返回有以下两种情况：当冲击继电器接于电源正端（见图 7-7），并将端子 4 和端子 6 短接时，将负电源电压加到端子 2 来复归，如图 7-5（a）所示，其复归电流从端子 5 经 R_1、L2、R_2 到端子 2；当冲击继电器接于电源负端（见图 7-14），并将端子 6、端子 8 短接时，将正电源点电压加到端子 2 来复归，其复归电流从端子 2 经 R_2、L1、R_1 到端子 7，如图 7-5（b）所示。

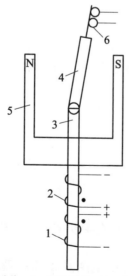

1，2—线圈；3—电磁铁；4—可动衔铁；5—永久磁铁；6—触点。

图 7-6　极化继电器的结构原理

此外，冲击继电器还可以实现冲击自动复归，即当流过 R_1 的冲击电流突然减小或消失时，在电阻 R_1 上的电压有一减量，该电压减量使电容器经极化继电器线圈放电，其放电电流使极化继电器返回。

（二）由 JC-2 型冲击继电器构成的中央事故信号电路及工作原理

由 JC-2 型冲击继电器构成的中央事故信号电路如图 7-7 所示。

预告信号											
小母线	熔断器	手动复归	自动复归	冲击继电器及中间继电器	试验按钮	遥信冲击继电器及中间继电器	遥信	自动解除	音响回路	蜂鸣器	熔断器 监视	6~10 kV 配电装置事故信号继电器

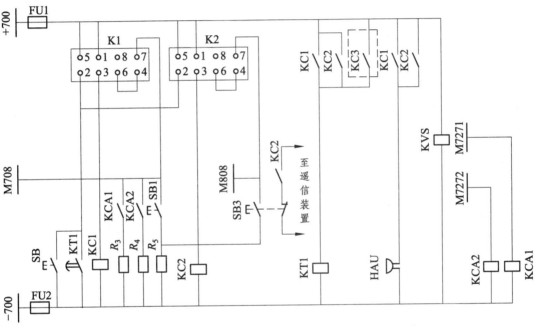

图 7-7　由 JC-2 型冲击继电器构成的中央事故信号电路

图 7-7 中，M808 为事故音响信号小母线；M7271、M7272 为配电装置事故信号小母线 I 段和 II 段；SB 为音响解除按钮；SB1、SB3 为试验按钮；K1、K2 为冲击继电器；KC1、KC2 为中间继电器；KT1 为时间继电器；KCA1、KCA2 为事故信号继电器。其动作过程如下：

1. 事故信号的启动

当断路器事故跳闸时，信号电源 –700 接至事故音响信号小母线 M708 上（见图 7-1），给出脉冲电流信号，使冲击继电器 K1 启动。其端子 1 和端子 3 接通，启动中间继电器 KC1，KC1 的第一对常开触点闭合，启动蜂鸣器 HAU，发出音响信号。

2. 发遥信

M808 是专为发遥信装置设置的事故音响信号小母线。当断路器事故跳闸后需要中央调度所发遥信时，将信号电源 –700 接至事故音响信号小母线 M808 上，给出脉冲电流信号，冲击继电器 K2 启动，随之启动中间继电器 KC2，KC2 的三对常开触点除启动时间继电器 KT1 和蜂鸣器 HAU 之外，还启动遥信装置，发遥信至中央调度所。

3. 事故信号的复归

由中间继电器的常开触点 KC1 或 KC2 启动时间继电器 KT1，其触点经延时后闭合，将冲击继电器的端子 2 接负电源，迫使冲击继电器 K1 或 K2 复归，其常开触点（即端子 1 和 3）断开，中间继电器 KC1 或 KC2 失电，断开蜂鸣器和音响信号回路，从而实现了音响信号的延时自动复归。此时，整个回路恢复原状，准备第二次动作。按下音响接触按钮 SB，也可实现音响信号的手动复归。

4. 6 ~ 10 kV 配电装置的事故信号

6 ~ 10 kV 线路均为就地控制，如果 6 ~ 10 kV 断路器事故跳闸，也会启动事故信号。为了简化接线、节约投资，6 ~ 10 kV 配电装置的事故信号小母线一般设置两段，即 M7271、M7272，每段上分别接入一定数量的启动回路。当 M7271 或 M7272 段上的任意断路器事故跳闸，事故信号继电器 KCA1 或 KCA2 动作。其常开触点 KCA1 或 KCA2 闭合去启动冲击继电器 K1，发出音响信号。另一对常开触点 KCA1 或 KCA2（在预告信号电路中）闭合，使相应光字牌点亮。

此外，音响信号的重复动作、试验及事故信号电路的监视原理与 ZC-23 型冲击继电器构成的事故信号电路相似，不再讨论。需要注意的是，试验按钮 SB3 的常闭触点用于当信号回路进行试验时断开遥信装置，以免误发信号。

三、由 BC-4 型冲击继电器构成的中央事故信号电路

按电流微分原理工作的 ZC-23 型冲击继电器，当事故信号电路启动时，由于光字牌或电阻的接通与断开引起信号电流瞬时值的突变、灯泡冷热电阻差异的变化以及信号继电器触点的抖动和电源电压脉动等，都可能引起电流瞬时值的突变而造成冲击继电器的误动。

BC-4Y、BC-4S 型冲击继电器改用电流积分原理工作，克服了上述缺点。

（一）BC-4Y 型冲击继电器的内部电路及工作原理

BC-4Y 型冲击继电器的内部电路如图 7-8 所示。图 7-8 中，R_4、C_4、VD5、VD6 组成稳压电源；电阻器 R_{11}（R_{12}）、R_2，电容器 C_1、C_2 及电位器 R_1、R_3 组成测量部分；继电器 K 及三极管 VT1、VT2 组成出口部分。

BC-4Y 型冲击继电器是利用串接在启动回路中的电阻器 R_{11}（R_{12}）取得电流信号，当总电流信号平均值增加时，从 R_{11}（R_{12}）两端取得的信号经电感 L 滤波后，向电容器 C_1、C_2 充电。由于电容器 C_1 充电回路的时间常数小，充电快，从而电压 U_{C1} 上升快，而 C_2 充电回路的"时间常数"大，充电慢，电压 U_{C2} 上升慢。在充电过程中，电阻器 R_2 两端出现了电压差（$U_{R2} = U_{C1} - U_{C2}$）。当总信号电流增加到一定数值时，电压差 U_{R2} 使正常时处于截止状态的三极管 VT1 导通，启动出口继电器 K。

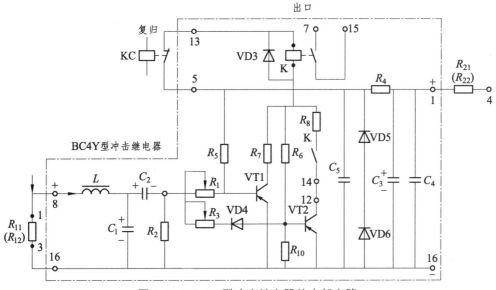

图 7-8　BC-4Y 型冲击继电器的内部电路

当电容器充电过程结束时，两个电容器均充电至稳态电压 U_{R1}，则 $U_{R2}=0$，但此时出口继电器 K 通过已处于导通状态的三极管 VT2 自保持（通过电阻器 R_6、R_{10} 的固定分压，VT2 获得正偏压，在出口继电器 K 的常开触点闭合后，VT2 处于饱和导通），从而实现了冲击继电器的冲击启动。

当总的电流信号减小或消失时，电容器 C_1、C_2 向电阻 R_{11}（R_{12}）放电，电阻器 R_2 上产生一个与充电过程极性相反的电压差，使三极管 VT2 截止，出口继电器 K 因线圈失电而复归，实现了冲击继电器的冲击自动复归。此外，冲击继电器还可以进行定时自动复归和手动复归。

BC-4S 型冲击继电器的内部电路如图 7-9 所示。它与 BS-4Y 型冲击继电器的主要区别是三极管 VT1、VT2 改为 PNP 管，将发射极接正电源。其工作原理与 BC-4Y 型相似。

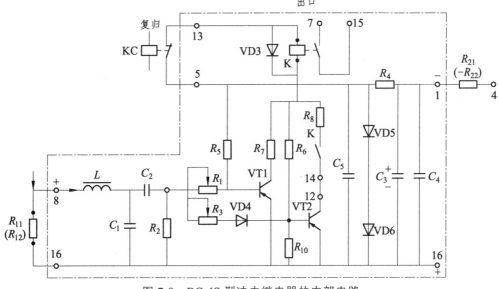

图 7-9　BC-4S 型冲击继电器的内部电路

（二）由 BC-4S 型冲击继电器构成的中央事故信号电路及工作原理

由 BC-4S 型冲击继电器构成的中央事故信号电路如图 7-10 所示。图 7-10 中，M728、M808 为事故音响信号小母线；SB1、SB2 为试验按钮；SB4 为音响接触按钮；K1、K2 为冲击继电器；KC、KC1、KC2 为中间继电器；KT1 为时间继电器；R_{11} 和 R_{12} 为冲击继电器 K1、K2 的信号电阻；R_{21} 和 R_{22} 为冲击继电器 K1 和 K2 的降压电阻。其动作过程如下：

事 故 信 号										
信号小母线	熔断器	试验按钮	冲击继电器			手动复归	自动复归	蜂鸣器	延时自动	复归回路自动	熔断器监视

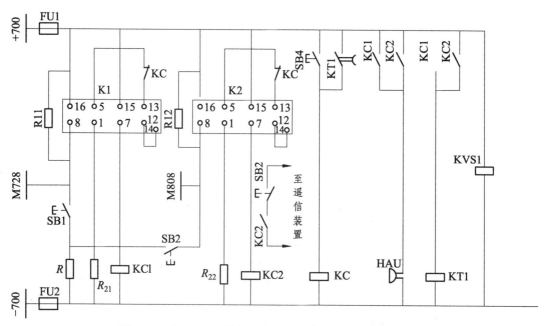

图 7-10　由 BC-4S 型冲击继电器构成的中央事故信号电路

1．事故信号的启动

冲击继电器 K1 接收信号后，启动其出口继电器 K，出口继电器 K 的第一对常开触点用于自保持，另一对常开触点启动中间继电器 KC1，KC1 的常开触点闭合后启动蜂鸣器 HAU，发出音响信号。

2．遥　信

断路器事故跳闸需发遥信时，冲击继电器 K2 接收信号，启动其出口继电器 K。同理，出口继电器 K 的第一对常开触点用于自保持，第二对常开触点启动中间继电器 KC2，KC2 的常开触点闭合后，一方面启动蜂鸣器发出音响信号，另一方面接通遥信装置，向中央调度所发遥信。

3. 事故信号的复归

中间继电器 KC1 或 KC2 线圈带电后，其常开触点闭合，启动时间继电器 KT1，KT1 的常开触点延时启动中间继电器 KC，接在冲击继电器端子 5 和 13 之间的常闭触点 KC 断开，使继电器 K 线圈失电，冲击继电器复归，音响信号解除，实现了音响信号的延时自动复归。按下音响接触按钮 SB4，也可实现音响信号的手动复归。

4. 事故信号的重复动作

在多个不对应回路连续接通或断开事故信号启动回路时，继电器重复动作的过程与 ZC-23 型相似。随着启动回路并联电阻的增大或减小，电阻 R_{11}（或 R_{12}）上的平均电流或平均电压便发生多次阶跃性的递增或递减，电容器 C_1、C_2 上则发生多次的充、放电过程，继电器便重复启动和复归，从而实现了事故信号的重复动作。

此外，与 ZC-23 型冲击继电器构成的事故信号电路相似，按下试验按钮 SB1 或 SB2，即可对信号回路进行试验。利用监察继电器 KVS1，进行回路电源失电的监视。

第三节　中央预告信号系统

中央预告信号系统和中央事故信号系统一样，都由冲击继电器构成，但启动回路、重复动作的构成元件及音响装置有所不同。具体区别有以下几点：

（1）事故信号是利用不对应原理将电源与事故音响信号小母线接通来启动的；预告信号则是利用继电保护出口继电器触点 K 与预告信号小母线接通来启动的，见图 7-12。

（2）事故信号是由每一启动回路中串接一电阻启动的，重复动作则是通过突然并入一启动回路（相当于突然并入一电阻）引起电流突变而实现的。预告信号是在启动回路中用信号灯代替电阻启动的，重复动作则是通过启动回路并入信号灯实现的。

（3）事故信号用蜂鸣器作为发音装置，而预告信号则用警铃。

值得注意的是，以往为了简化二次回路，变电站一般不设延时预告信号，而发电厂通常将预告信号分为瞬时信号和延时预告信号两种。但多年运行经验证明，预告信号没有必要再分为瞬时和延时两种，因为延时预告信号很少，并且在运行中易产生误动或拒动。为了简化二次回路，只要将预告信号电路中的冲击继电器带有 $0.2 \sim 0.3 \, s$ 的短延时，即可满足以往延时预告信号的要求，而不会影响瞬时预告信号。因此，SDJ1-1984《火力发电厂技术设计规程》取消了"中央预告信号应有瞬时和延时两种"的内容，使发电厂、变电站中央信号电路统一起来。

一、由 ZC-23 型冲击继电器构成的中央预告信号电路

由 ZC-23 型冲击继电器构成的中央预告信号电路如图 7-11 所示，其启动电路如图 7-12 所示。

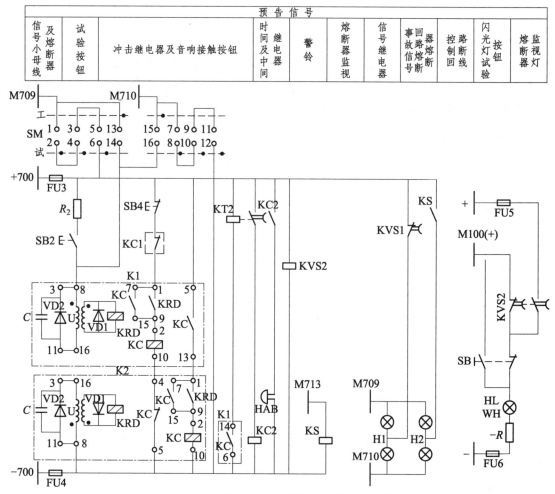

信号小母线及熔断器	试验按钮	冲击继电器及音响接触按钮			预告信号								
					时间及中间继电器	警铃	熔断器监视	信号继电器	事故信号回路熔断器熔断	路断线控制回	闪光灯试验按钮	熔断器	监视灯

图 7-11　由 ZC-23 型冲击继电器构成的中央预告信号电路

（注：KC1 线圈在图 7-4 中）

　　图 7-11 中，M709、M710 为预告信号小母线；SB、SB2 为试验按钮；SB4 为音响解除按钮；SM 为转换开关；K1、K2 为冲击继电器；KC2 为中间继电器、KT2 为时间继电器；KS 为信号继电器；KVS2 为熔断器监察继电器；HL 为熔断器监视灯；H1、H2 为光字牌；HAB 为警铃。

　　由于预告信号电路设置 0.2～0.3 s 的短延时，需使冲击继电器具有冲击自动复归的特性，以避开某些瞬时性故障时误发信号或某些不需瞬时发出的预告信号。而 ZC-23 型冲击继电器不具有冲击自动复归的特性，所以本电路利用两只冲击继电器反极性串联，以实现其冲击自动复归特性。其动作过程如下：

　　1. 预告信号的启动

　　转换开关 SM 有"工作"和"试验"两个位置，即图 7-11 中的"工"和"试"两个位置。当转换开关 SM 处于"工作"位置时，其触点 13-14、15-16 接通，如果此时设备出现不正常状况（如变压器油温过高），则图 7-12 的启动电路中相应的继电保护出口继电器触点 K 闭合，

使信号电源 + 700 经触点 K 和光字牌 H 引至预告信号小母线 M709 和 M710 上。因此，转换开关在"工作"位置时，冲击继电器的交流器 K1-U、K2-U 的一次侧电流突变，二次侧均感应脉冲电动势。变流器 K2-U 是反向连接的，其二次侧的感应电动势被其二极管 K2-VD1 所短路，因此只有干簧继电器 K1-KRD 动作，其常开触点启动中间继电器 K1-KC，K1-KC 的一对常开触点用于自保持，另一对常开触点闭合（即 K1 的端子 6 和 14 接通），启动时间继电器 KT2，KT2 的触点经 0.2 ~ 0.3 s 的短延时后闭合，又去启动中间继电器 KC2，最后启动警铃，发出音响信号。除铃声之外，还通过光字牌发出灯光信号，并显示故障性质，如"变压器油温过高"等。

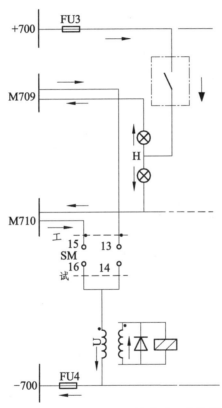

图 7-12　由 ZC-23 型冲击继电器构成的预告信号启动电路

2. 预告信号的复归

如果在时间继电器 KT2 的延时触点尚未闭合之前，继电保护出口继电器已断开（故障消失），则由于交流器 K1-U、K2-U 的一次电流突然减少或消失，在相应的二次侧将感应出负的脉冲电动势。此时 K1-U 二次侧的脉冲电动势被其二极管 K1-VD1 所短路，只有干簧继电器 K2-KRD 动作。启动中间继电器 K2-KC，K2-KC 的一对常开触点用于自保持，其常闭触点断开（即 K2 的端子 4 和 5 断开），切断中间继电器 K1-KC 的自保持回路，使 K1-KC 复归，时间继电器 KT2 也随之复归，预告信号未发出，实现了冲击自动复归。

如果延时自动复归时，中间继电器 KC2 的另一对常开触点（在图 7-4 中央事故信号回路中）闭合，启动事故信号回路中的时间继电器 KT1，经延时后又启动中间继电器 KC1，KC1

的常闭触点（分别在图 7-4 中央事故信号电路和图 7-11 预告信号电路中示出）断开，复归事故和预告信号回路的所有继电器，并解除音响信号，实现了音响信号的延时自动复归。

3. 预告信号的重复动作

预告信号音响部分的重复动作也是靠突然并入启动回路一电阻，使流过冲击继电器中变流器一次侧的电流发生突变来实现的。只不过启动回路的电阻是用光字牌中的灯牌代替的。

4. 光字牌检查

正常运行时发电厂和变电站中光字牌不亮，所以必须经常检查。所有光字牌可通过转换开关 SM 检查其指示灯是否完好。检查时，将 SM 投向"试验"位置，其触点 1-2、3-4、5-6、7-8、9-10、11-12 接通，使预告信号小母线 M709 接信号电源 + 700，M710 接信号电源 − 700（见图 7-13），此时，如果光字牌中指示灯全亮，则说明光字牌完好。

值得注意的是，发预告信号时，光字牌的两灯泡是并联的，灯泡两端电压为电源额定电压，所以灯泡发亮光；检查时，两灯泡是串联的，灯泡发暗光，且其中一只损坏时，光字牌不亮。

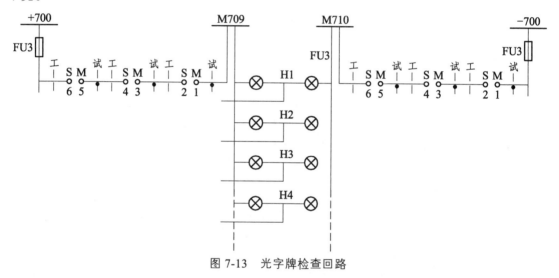

图 7-13　光字牌检查回路

5. 预告信号电路的监视

预告信号电路由熔断器监察继电器 KVS2 进行监察。KVS2 正常时带电，其延时断开的常开触点闭合，点亮白色信号灯 HL。如果熔断器熔断或接触不良，其常闭触点延时闭合，使 HL 闪光，提醒运行人员注意。

二、由 JC-2 型冲击继电器构成的中央预告信号电路

由 JC-2 型冲击继电器构成的中央预告信号电路如图 7-14 所示。图 7-14 中，SB 为音响解除按钮；SB2 为试验按钮；SM 为转换开关；M7291、M7292 为预告信号小母线 I 段和 II 段；M716 为掉牌未复归小母线；K3 为冲击继电器；KC3 为中间继电器；KCR1、KCR2 为预告信号继电器。其动作过程如下：

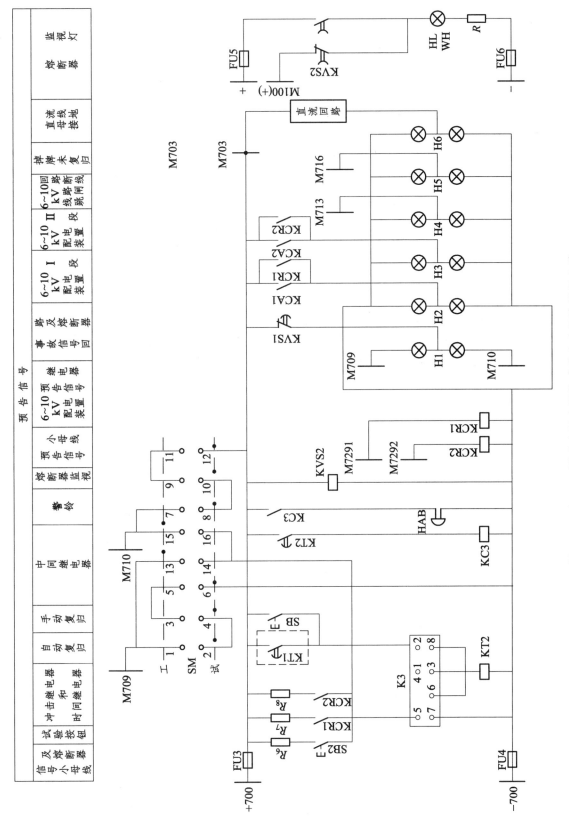

图 7-14　由 JC-2 型冲击继电器构成的中央预告信号电路

与 ZC-23 型冲击继电器构成的预告信号类似，当设备出现不正常运行状况时，继电保护装置触点闭合，预告信号启动回路接通，标有故障性质的光字牌点亮，并使冲击继电器 K3 启动。K3 端子 1 和 3 之间的常开触点闭合后，启动时间继电器 KT2，其触点经 0.2 ~ 0.3 s 的短延时后闭合，去启动中间继电器 KC3 及警铃，发出音响信号。

中间继电器 KC3 启动后，其另一对常开触点闭合，启动时间继电器 KT1，KT1 的常开触点经延时后闭合，使冲击继电器 K3 因其端子 2 接正电源而复归，并解除音响信号，实现了音响信号的延时自动复归。当故障在 0.2 ~ 0.3 s 消失时，由于冲击继电器 K3 的电阻 R_1 上的电压出现减量，使其冲击自动复归，从而避免了误发信号。

M7291 和 M7292 为 6 ~ 10 kV 配电装置的两端预告信号小母线，每段上各设一光字牌，其上标有"6 ~ 10 kV Ⅰ（或Ⅱ）段"字样。当 6 ~ 10 kV 配电装置Ⅰ段或Ⅱ段上出现信号时，预告信号继电器 KCR1 或 KCR2 动作，其常开触点闭合，相应光字牌点亮，同时启动冲击继电器发音响信号。

本电路音响信号的重复动作、预告信号电路的监视灯等原理与 ZC-23 型类似，此处不再赘述。

三、由 BC-4Y 型冲击继电器构成的中央预告信号电路

由 BC-4Y 型冲击继电器构成的中央预告信号电路如图 7-15 所示。图 7-15 中，SB3 为试验按钮；SB5 为音响解除按钮；K3 为冲击继电器；KC3、KC4 为中间继电器。KT2、KT3 为时间继电器。其动作过程如下：

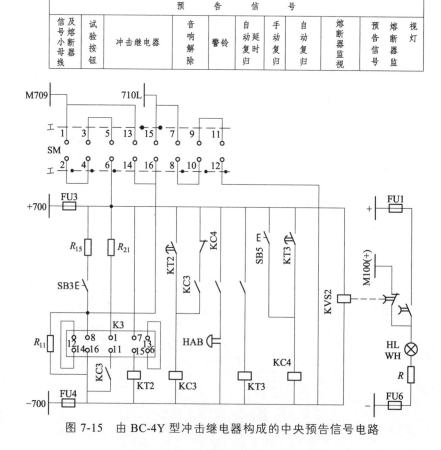

图 7-15　由 BC-4Y 型冲击继电器构成的中央预告信号电路

当设备发生故障出现不正常运行状况时，预告信号启动回路接通，光字牌点亮，同时冲击继电器 K3 启动，则 K3 中的出口继电器 K 的常开触点闭合，启动时间继电器 KT2，KT2 的常开触点经 0.2 ~ 0.3 s 的短延时后闭合，启动中间继电器 KC3。KC3 的第一对常开触点形成其自保持电路；第二对常开触点闭合，启动警铃 HAB，发出音响信号；第三对常开触点闭合短接冲击继电器端子 11 和 16 之间的电阻器 R_2，使冲击继电器经 KT2 延时 0.2 ~ 0.3 s 后，自动复归；第四对常开触点闭合后启动时间继电器 KT3，KT3 的常开触点延时启动中间继电器 KC4，KC4 的常闭触点断开，切断 KC3 的自保持回路，并解除音响，实现了音响信号的延时自动复归。按下音响解除按钮 SB5，可实现音响信号的手动复归。

需要说明的是，本电路利用中间继电器 KC3 的常开触点短接冲击继电器的电阻器 R_2，使冲击继电器动作后，经 KT2 延时 0.2 ~ 0.3 s 后自动复归，其主要原因是：在使用中，为了使冲击继电器能自动复归，可将冲击继电器中的三极管 VT2 截止，即取消冲击继电器中的继电器 K 通过 V2 的自保持回路。为了增加从信号输入到冲击继电器的返回时间，一般将电容 C_2 的参数由原来的 470 μF 增加至 1 000 μF，从而使继电器 K 的接通时间长一些，可达 0.8 ~ 1 s。但试验中又发现，当两个以上的长脉冲信号同时输入时，即使三极管 VT2 截止，但由于电容 C_1、C_2 的电压仍会较高，则放电时间较长，致使三极管 VT1 会较长时间导通而不能使继电器 K 返回。因此，利用中间继电器 KC3 触点短接电阻 R_2，这样只要冲击继电器动作经过 KT2 延时后，冲击继电器就自动复归。

当故障在 0.2 ~ 0.3 s 消失时，由于冲击继电器也具有冲击自动复归特性，所以故障信号不能发生，可避免由于某些瞬时性故障而误发信号。在发生持续性故障时，从以上分析可以看出，经 0.2 ~ 0.3 s 发出音响信号，并同时实现了继电器 K 的自动复归。

本电路的音响信号的重复动作、预告信号电路的监视等原理与 ZC-23 型相似，此处不再赘述。

第四节　继电保护装置和自动重合闸动作信号

一、继电保护装置动作信号

我们已经知道，对于作用于跳闸的继电保护装置，动作后发出事故信号；对于作用于信号的继电保护装置，动作后发出预告信号，并有相应的灯光指示。此外，已动作的继电保护装置本身还设有机械掉牌或能自保持的指示灯加以显示，同时由运行人员做好记录，以便分析故障类型，然后手动予以复归。为了避免运行人员没有注意到个别继电器已掉牌或信号灯已点亮而未及时将其复归，所以在中央信号屏上均装设"掉牌未复归"或"信号未复归"的光字牌，用以提醒运行人员必须将其复归，以免再次发生故障时，对继电保护装置的动作做出不正确的判断。

继电保护装置动作信号电路如图 7-16 所示。图 7-16 中，M703 为辅助信号小母线；M716 为公用的掉牌未复归小母线；信号继电器的触点 KS1、KS2 等接在小母线 M703 和 M716 之间，任一信号继电器动作，都使"掉牌未复归"光字牌点亮，通知运行人员及时处理。

信号小母线	熔断器	预告信号回路	辅助小母线及掉牌未复归	归小母线掉牌未复归	光字牌掉牌未复归	继电器触点保护装置信号

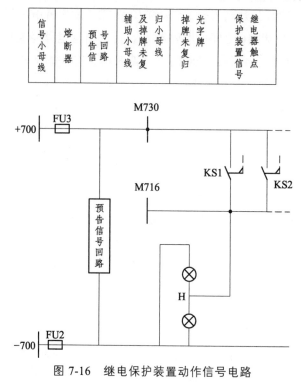

图 7-16　继电保护装置动作信号电路

二、自动重合闸装置动作信号

自动重合闸装置动作信号电路如图 7-17 所示。

信号小母线	熔断器	自动重合闸光字牌	动作自动重合闸	继电器触点自动重合闸

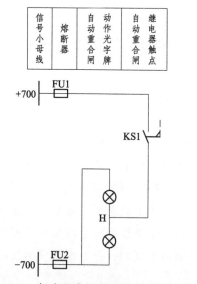

图 7-17　自动重合闸装置动作信号电路

自动重合闸装置动作由装设在线路或变压器控制屏上的光字牌信号指示。当线路故障断路器自动跳闸后，如果自动重合闸装置动作将其自动重合成功，线路恢复正常运行，此时不希望发预告信号，因为线路事故跳闸时已有事故音响信号，足以引起运行人员注意，而只要求将已自动重合的线路的光字牌点亮即可。所以"自动重合闸动作"的光字牌回路一般直接接在信号小母线上。

复习思考题

1. 信号回路按电源可分为_____和_____；按其用途可分为_____、_____、_____三种。

2. 中央信号回路按音响信号的复归办法可分为_____和_____；按其音响信号的动作性能可分为_____和_____。

3. 发电厂及变电站一般装设哪些信号系统？各起什么作用？

4. 发电厂和变电站的信号回路应满足什么要求？

5. 什么叫作继电器的冲击自动复归特性？

6. 事故信号与预告信号的启动回路有什么不同？二者的音响表达方式是什么？

7. 简述事故信号回路和预告信号回路的重复动作原理。

8. 继电保护装置动作后会伴随发出哪些信号？

第一节 同步系统概述

一、发电厂和变电站同步点的设置

一般把在某些情况下需要通过同期操作进行合闸的断路器称为同期点。如果某台断路器跳闸后，其两侧电源来自不同的系统，那么此断路器即为同步点。图 8-1 中标有方框的断路器应设为同步点。

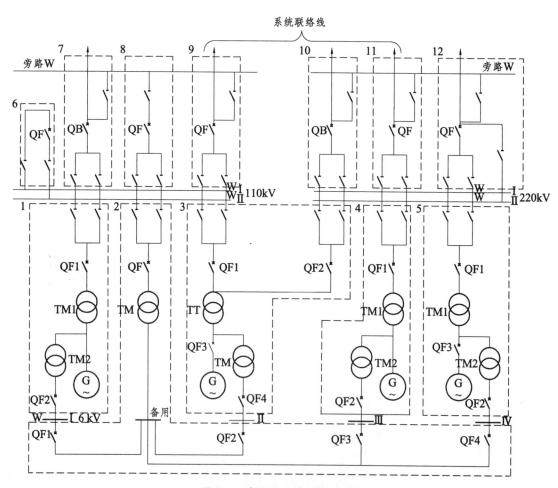

图 8-1 发电厂同步点的设置

（1）发电机出口断路器一侧有发电机电压，另一侧有母线电压，所以出口断路器为同步点，如图中虚线框 3 中的断路器 QF3。

（2）发电机-双绕组变压器组出口断路器是同步点，如图中虚线框 1、4、5 中的断路器 QF1。

（3）自耦变压器或三绕组变压器的各侧断路器都是同步点，如图中虚线框 3 中的断路器 QF1、QF2、QF3。这些并列点是为了减少并列时可能出现的倒闸操作，以保证事故情况下迅速可靠地恢复供电。

（4）系统联络线的线路断路器是同步点，如图中虚线框 9、10、11 中的断路器 QF。

（5）旁路断路器是同步点，因为它可以代替联络线断路器进行并列，如图中虚线框 12 中的断路器 QF。

（6）厂用 6 kV Ⅲ、Ⅳ 段母线电源进线断路器是同步点。这是因为发电机变压器组接入 220 kV 系统，而备用变压器 TM 接入 110 kV 系统，即它们未接在同一系统。与此相反，厂用 Ⅰ、Ⅱ 段母线电源进线断路器不是同步点。

（7）母联断路器是同步点，如图中虚线框 6 中的断路器 QF。它们是同一母线上的所有电源元件的后备同步点。

二、同步并列的方法

同步并列的方法有两种，即准同步方式和自同步方式。

1. 准同步方式

准同步方式就是待并发电机在并列合闸前已经励磁，当发电机的电压、频率和相位与运行系统一致时，将发电机端的断路器合上，发电机即与系统并列运行。在同步合闸瞬间，发电机定子电流等于零或接近零。

实际上，发电机在同期合闸瞬间不可能做到电压、频率和相位与运行系统绝对一致而允许它们有一定的误差。此误差有一定的允许范围，一般情况下，电压误差不应超过 5% ~ 15%；频率误差不应超过 0.2% ~ 0.5%，即 0.1 ~ 0.25 Hz；相位误差不超过 10°。准同步方式最大的优点是，并列合闸时冲击电流小，不会对系统带来大的影响。

准同步方式的缺点：

（1）并列操作时间较长。这是因为电压和频率的调整，相位相同瞬间的捕捉较麻烦，在系统事故情况下，系统频率和电压急剧变化，同步难度更大。

（2）操作要求高。如果运行人员技术不够熟练，掌握的合闸时间不准确，有可能造成非同期并列。

（3）操作系统复杂，要求严格。

准同步方式又分为手动准同步和自动准同步两种方式。

2. 自同步方式

自同步方式是指发电机在同期合闸前不加励磁，当发电机的转速接近额定转速时，合上断路器（此时相当于异步电动机状态），然后再合上灭磁开关给发电机加上励磁（此时由异步电机状态进入同步电动机运行状态），待并发电机借助电磁力矩自行进入同步。自同期并列的实质是先并列，后进入同步状态。

具体而言，就是先将一台未励磁的发电机由原动机带动旋转，当发电机的转速接近同步转速时，合上断路器，投入电力系统。三相定子绕组流过系统的三相对称电流产生三相磁动势并产生旋转磁场，该旋转磁场与转子导体有相对切割运动。根据电磁感应原理，转子导体产生感应电动势并感应出电流，通电的转子导体置于定子旋转磁场中会受到电动力作用而旋转，其旋转方向与定子绕组产生的旋转磁场方向一致。但是从定子侧看，是定子旋转磁场切割转子绕组产生的电动力拖动转子旋转，所以转子转速要低于定子的同步转速，此时的发电机相当于一个异步电动机。当给发电机的转子绕组通入直流励磁电流后，转子产生磁极磁场，这时的转子就像是磁铁，有 N 极和 S 极。当转子上的 S 极与定子所产生旋转磁场的 N 极相互作用（转子的 N 极与旋转磁场的 S 极相作用），靠异性磁极的互相吸引，将转子拉入至同步转速。

自同步方式的优点：

（1）并列过程快，特别是在事故情况下能使机组迅速投入系统。

（2）操作简单，不会造成非同期合闸。

（3）接线简单，易于实现自动化。

自同步方式的缺点：

（1）并列瞬间冲击电流大，对系统和机组产生不利影响。

（2）并列瞬间引起系统电压短时严重下降。因为发电机并列前未加励磁，将从电网中吸取很大的无功电流。

（3）两个系统之间不能采用自同期并列。

三、准同步并列的条件

两个独立的电源并列运行，必须具备下列条件：① 电压（大小）相等；② 频率相同；③ 电压的相位角差不超过允许值；④ 相序相同。否则发生非同期并列，会出现很大的冲击电流，机组转子受到较大扭力矩而剧烈振动，系统电压下降，严重时甚至导致机组损坏、系统振荡并失去稳定，造成严重后果。

第二节　同步电压的引入

采用准同步并列操作，首先要通过同步装置检测待并断路器两侧电压是否满足并列条件，由于全厂（站）共用一套同步装置，而全厂（站）有多个同步点，这就需要把待并断路器两侧的电压引到同步电压小母线上，然后再引入同步装置中，在没有并列操作（即全厂所有的同步开关断开）情况下，同步电压小母线上没有电压。在并列操作时，经过隔离开关的辅助触点和同步开关触点的切换将断路器两侧经互感器变换后的二次电压引到同步电压小母线上，此时同步电压小母线才带有待并断路器两侧的二次电压。通常把同步电压小母线上的二次电压称为同步电压。同步电压的引入方式取决于同步装置（或同步表）的接线方式，有三相和单相两种接线方式。

一、三相接线方式同步电压的引入

当同步系统采用三相接线方式时，设置四条同步电压小母线：系统电压小母线 L1'-620，待并系统电压小母线 L1-610、L3-610，公用接地小母线 L2-600。同步装置从同步电压小母线 L1-610、L3-610、L2-600 和 L1'-620、L2-600 分别引入待并系统的三相电压和系统的两相电压。

（一）发电机出口断路器和母联断路器同步电压的引入

发电机出口断路器和母联断路器三相同步电压的引入如图 8-2 所示。同步点分别为 QF1 和 QF。在没有并列操作前，除公用接地小母线 L2-600 正常接地外，其余三条小母线均无电压。图中，SS 和 SS1 分别为母联断路器 QF 和发电机出口断路器 QF1 的同步开关，有"工作（W）"和"断开"两个位置。

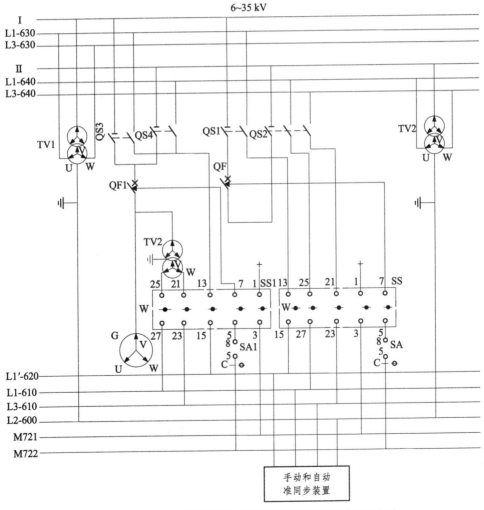

图 8-2　发电机出口断路器和母联断路器三相同步电压的引入

1. 发电机出口断路器同步电压的引入

当利用发电机出口断路器 QF1 进行并列时，待并发电机侧是将发电机出口处电压互感器 TV 的二次侧 U、W 相电压经同步开关 SS1 的触点 25-27 和 21-23 分别引至同步电压小母线 L1-610 和 L3-610 上系统侧，由于是双母线系统，同步电压是由母线电压互感器 TV1（或 TV2）的电压小母线 L1-630（或 L1-640）经隔离开关 QS3（或 QS4）的辅助触点切换，再经过同步开关 SS1 的触点 13-15 引至同步电压小母线 L1-620 上。准同步装置从同步电压小母线上取得发电机和系统的同步电压。

经过 QS3（或 QS4）辅助触点切换的目的是确保引至同步电压小母线上的同步电压与所操作的断路器两侧系统电压完全一致，即当断路器 QF1 经过 QS3 接至 I 母线时，应将 I 母线的电压互感器 TV1 的二次电压从其电压小母线 L1-630 引至 L1'-620 上；当断路器 QF1 经过 QS4 接至 II 母线时，应将 I 母线的电压互感器 TV2 的二次电压从其电压小母线 L1-640 引至 L1-620 上。上述切换是利用隔离开关的辅助触点在进行倒闸操作的同时自动完成的。

2. 母联断路器同步电压的引入

当利用母联断路器 QF 进行并列时，其两侧同步电压是由母线电压互感器 TV1 和 TV2 的电压小母线，先经隔离开关 QS1 和 QS2 的辅助触点，再经同步开关 SS 的触点，引至同步电压小母线上，即 I 母线的电压互感器 TV1 的二次 U 相电压，从其小母线 L1-630，先经 QS1 的辅助触点再经 SS 的触点 13-15，引至 L1'-620 上；II 母线的电压互感器 TV2 的二次 U、W 相电压，从其小母线 L1-640 和 L3-640，先经 QS2 的辅助触点，再经过同步开关 SS 的触点 25-27 和 21-23 分别引至 L1-610 和 L3-610 上。准同步装置从同步电压小母线上取得待并系统和系统的同步电压。此种接线 I 母线侧为待并系统，而 II 母线侧为系统。

（二）双绕组变压器同步电压的引入

图 8-3（a）所示为双绕组变压器三相同步电压的引入。对于双绕组升压变压器 TM，当利用低压三角形侧的断路器 QF1 进行并列时，同步电压分别从变压器高低压侧电压互感器引出。

由于变压器 TM 为 Yd11 接线，因此高压侧和低压侧电压相位相差 30°角，即三角形侧电压超前星形侧 30°角。而高、低压侧电压互感器 TV1 和 TV 又都采用 Yy0 接线，电压互感器一、二次侧电压相位相同。TV1、TV 的二次侧的电压相位也相差 30°角。所以，同步电压不能直接采用电压互感器的二次电压，而必须对相位差加以补偿。补偿是利用转角变压器 TR 来实现的。

常用的转角变压器 TR 的接线如图 8-3（b）所示。TR 的变比为 $100\Big/\dfrac{100}{\sqrt{3}}$，绕组采用 Dy1 接线，即星形侧线电压落后三角形侧线电压 30°角。这种接线方法是将发电机母线电压互感器引来的同步电压 U、W 相分别经同步开关 SS1 的触点 25-27、21-23 接在转角变压器的电压小母线 L1-790、L3-790 上，V 相接 L2-600 转角变压器一次绕组也接在 L1-790、L3-790 和 L2-600 上，这样转角变压器二次侧即可得到与高压侧相位相同的同步电压；转角变压器二次绕组 U、V、W 相分别接在 L1-610、L2-600、L3-610 上。

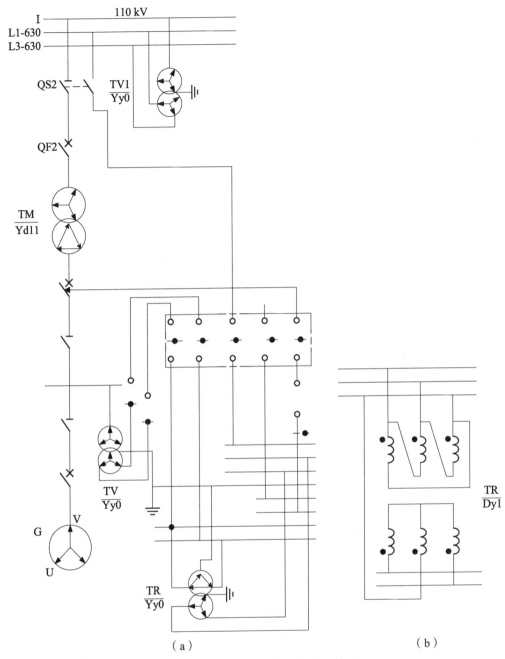

图 8-3　双绕组变压器三相同步电压的引入

可见，转角小母线平时无电压，只有在并列操作并需要转角时，才带有同步电压。

变压器 TM 高压侧电压互感器 TV1 的二次电压从其电压小母线 L1-630，经过隔离开关 QS2 辅助触点、同步开关 SS1 触点 13-15 引至同步电压小母线 L1′-620 上。这种接线是把 TM 的星形侧视为系统，三角形侧视为待并系统。

总之，在三相接线中，除需要设置四条同步电压小母线外，为了在同步并列时消除 Yd11 接线变压器两侧电压相位的不一致，需增设转角变压器及转角小母线。

此外，在具有 35 kV 和 110 kV 电压等级的发电厂和变电站中，可能会出现电压互感器二次侧 V 相接地和中性点接地并存现象。为了实现同步并列，需要增设隔离小母线及隔离变压器，以使中性点直接接地系统的同步电压经隔离小母线及隔离变压器变换为 V 相接地。

二、单相接线方式同步电压的引入

单相接线方式设置三条同步电压小母线：L3′-620、L3-610 和公用接地小母线 L2（N）-600。待并系统的线电压由同步电压小母线 L3-610 和 L2（N）-600 引入同步装置；系统的线电压由同步电压小母线 L3′-620 和 L2（N）-600 引入同步装置。单相接线与三相接线相比，减少一相待并系统电压小母线 L1-610。

（一）单相接线同步电压引入应满足的要求

1. 110 kV 及以上中性点直接接地系统

电压互感器主二次绕组一般为星形逢接，中性点（N）接地；辅助二次绕组接成开口三角形，同步电压取辅助二次绕组 W 相电压，即待并发电机电压取为 $\dot{U}_{\mathrm{WN}}$；系统电压取为 $\dot{U}_{\mathrm{W'N}}$，见表 8-1。

表 8-1　单相接线方式及相量图

同步方式	运行系统	待并系统	说明
中性点直接接地	U′ V′ W′	U V W	利用电压互感器辅助二次绕组的 W 相电压，即 $\dot{U}_{\mathrm{W'N}}$ 和 $\dot{U}_{\mathrm{WN}}$
中性点直接接地系统线路之间	N W′	N N W	
Yd11 变压器两侧系统	N W′	V U W	运行系统取电压互感器辅助二次绕组 W 相电压 $\dot{U}_{\mathrm{W'N}}$，待并系统（V 相接地）取 $\dot{U}_{\mathrm{WV}}$
中性点不直接接地系统	V′ U′ W′	V U W	电压互感器二次均为 V 相接地，利用 $\dot{U}_{\mathrm{W'V'}}$ 和 $\dot{U}_{\mathrm{WV}}$

2. 35 kV 及以下中性点不直接接地系统

电压互感器主二次绕组采用 V 相接地方式时，同步电压取二次绕组的线电压，即待并发电机电压取为 $\dot{U}_{WV}$，系统电压取为 $\dot{U}_{W'V'}$（或 $\dot{U}_{W'V}$，因为 V 相为公用接地点）。

3. Yd11 接线的双绕组变压器

变压器低压侧（待并系统）同步电压取其电压互感器（二次 V 相接地）二次绕组的线电压，即取为 U_{WV}。变压器高压侧系统同步电压可与零序功率继电器试验小母线取得一致，即取为 $\dot{U}_{W'N}$。

（二）发电机出口断路器和母联断路器同步电压的引入

发电机出口断路器与母联断路器同步电压的引入如图 8-4 所示。

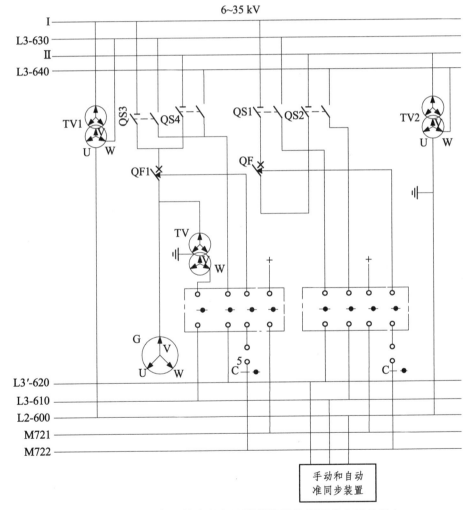

图 8-4 发电机出口断路器和母联断路器单相同步电压的引入

图 8-4 中，Ⅰ、Ⅱ 母线为 6～35 kV 系统，是中性点不直接接地系统，其电压互感器二次绕组均采用 V 相接地方式。

1. 发电机出口断路器同步电压的引入

当发电机出口断路器 QF1 作为同步点将发电机与系统并列时，待并发电机侧同步电取电压互感器 TV 的二次 W 相电压，经同步开关 SS1 的触点 25-27 引至同步电压小母线 L3-610 上。而系统侧同步电压取母线电压互感器 TV1（或 TV2）的二次 W 相电压，先经隔离开关 QS3（或 QS4）辅助触点，再经同步开关 SS1 的触点 13-15 引至同步电压小母线 L3'-620 上。这样系统和待并发电机的同步电压再经过同步电压小母线引至准同步装置。

2. 母联断路器同步电压的引入

当利用母联断路器 QF 作为同步点并列时，其两侧同步电压是由母线电压互感器 TV1 和 TV2 的电压小母线，经隔离开关 QS1 和 QS2 的辅助触点及其同步开关 SS 的触点，引至同步电压小母线上的，即 I 母线的电压互感器 TV1 的二次 W 相电压从其小母线 L3-630，经 QS1 的辅助触点及 SS 的触点 13-15，引至 L3'-620 上；II 母线的电压互感器 TV2 的二次 W 相电压，从其小母线 L3-640，经 SS 的触点 25-27 引至 L3-610 上。此时，II 母线侧为待并系统，而 I 母线侧为系统。这样系统和待并系统的同步电压再经过同步电压小母线引至准同步装置。

（三）双绕组变压器同步电压的引入

对于具有 Yd11 接线的双绕组变压器 TM，当利用低压三角形侧的断路器 QF1 进行并列时，其同步电压的引入如图 8-5 所示。

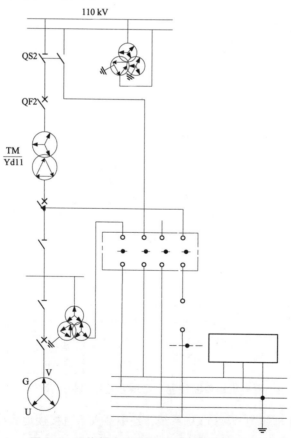

图 8-5　双绕组变压器单相同步电压的引入

图 8-5 中，110 kV 母线电压互感器 TV1 为中性点（N）接地，发电机出口电压互感器 TV 为 V 相接地。变压器 TM 低压侧同步电压可以直接取为 TV 二次绕组的 W 和 V 相间电压 $\dot{U}_{WN}$，其 W 相电压经 SS1 触点 25-27 引至同步电压小母线 L3-610 上；而高压侧同步电压，取 TV1 辅助二次绕组 W 相电压 $\dot{U}_{WN}$，其 W 相电压从试验小母线 L3-630（试）引出，经 QS2 的辅助触点及 SS1 的触点 13-15 引至同步电压小母线 L3'-620 上。采用此种接线，变压器低压三角形侧视为待并系统，高压星形侧视为系统。由于采用单相电压接线，图中 TV 为 V 相接地，TV1 为中性点接地，但其电压相位相同，不需要转角变压器，也不需要隔离变压器，接线大大简化，因而在工程设计中经常采用。

第三节　手动准同步装置

一、同步测量表计

同步测量表计有两种型式：一种是同步小屏，它装有五只测量仪表，即两只频率表、两只电压表和一只同步表，同步表的型式有多种，1T1-S 型电磁式同步表是目前广泛采用的一种同步表；另一种是组合式同步表。目前广泛采用 MZ-10 型组合式同步表，它由电压差表 V（P1）、频率差表 Hz（P2）、同步表 S（P3）组成。

（一）1T1-S 型电磁式同步表

1. 1T1-S 型同步表的结构

图 8-6 所示为 1T1-S 型同步表的外形、接线及内部结构。仪表内有三个固定线圈。线圈 L1 和 L3 经过附加电阻 R_1、R_2 和 R_3 分别接至待并发电机的电压 $\dot{U}_{UV}$ 和 $\dot{U}_{VW}$ 上，在空间布置上相互垂直，如果附加电阻 R_1、R_2 和 R 的阻值选择适当，则可使流经线圈 L1 和 L3 中的电流在相位上也相差 90°，用以产生旋转磁场，此旋转磁场在空间上也将与两个线圈平面垂直。

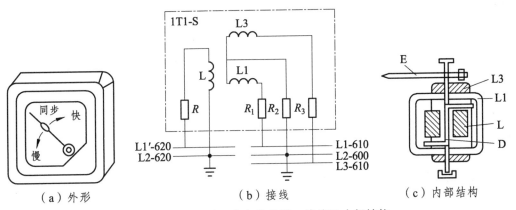

（a）外形　　　　　（b）接线　　　　　（c）内部结构

图 8-6　1T1-S 型同步表的外形、接线及内部结构

另一个线圈 L 是布置在线圈 L1 和 L3 的内部，沿轴向绕在可动 Z 形铁片的轴套 D 的外面。轴套 D 与转轴紧固在一起。转轴上部用螺钉固定着指针 E 和燕尾形平衡锤，还有圆形阻尼片。两块阻尼磁铁固定在座架上。可动部分在线圈内部可以像电机的转子一样自由地转动。线圈 L 经附加电阻 R 接在已运行系统的电压 U、V 相上，线圈 L 内所产生的磁场为一个正弦脉动磁场，使 Z 形铁片磁化。

2. 1T1-S 型同步表的工作原理

图 8-7 所示为 1T1-S 型同步表的工作原理。图 8-7（a）表示旋转磁场在空间的分布情况；由图 8-7（b）可知，由于各相所接附加电阻的阻值不同，致使中性点 N 移至 N'处，并且使流经线圈 L1 中的电流 $\dot{i}_1$ 与流经线圈 L3 中的电流 $\dot{i}_3$ 之间在相位上相差 90°，即 $\beta = 90°$。

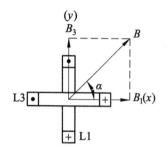 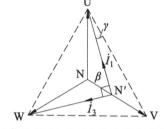 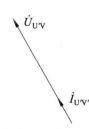

（a）旋转磁场的空间位置　（b）线圈 L1 和 L3 中电流相量图　（c）线圈 L 中电流相量图

图 8-7　1T1-S 型同步表的工作原理

如果以待并系统线电压 $\dot{U}_{UV}$ 为参考相量，中性点位移后，电压 $\dot{U}_{UN'}$ 与线电压 $\dot{U}_{UV}$ 之间的夹角为 γ，则流经线圈 L1 和 L3 中电流的瞬时值分别为

$$i_1 = \sqrt{2}I_1 \sin(\omega_G t - \gamma) \tag{8-1}$$

$$i_3 = \sqrt{2}I_3 \sin(\omega_G t - \gamma + \beta) \tag{8-2}$$

式中　I_1——L1 中电流的有效值，A；

　　　I_3——L3 中电流的有效值，A。

电流 i_1 和 i_3 在线圈 L1 和 L3 中所产生磁场的磁感应强度分别为

$$B_1 = B_{1m} \sin(\omega_G t - \gamma) \tag{8-3}$$

$$B_3 = B_{3m} \sin(\omega_G t - \gamma + \beta) \tag{8-4}$$

式中　B_{1m}——L1 中磁感应强度的最大值，T；

　　　B_{3m}——L3 中磁感应强度的最大值，T。

假设 B_1 的正方向与 x 轴的正方向一致，B_3 的正方向与 y 轴的正方向一致，则有

$$B_x = B_1, B_y = B_3$$

合成磁感应强度 B 为

$$B = \sqrt{B_x^2 + B_y^2} = \sqrt{B_1^2 + B_3^2} \tag{8-5}$$

设合成磁感应强度 B 与 x 轴的夹角为 α，则有

$$\tan\alpha = \frac{B_y}{B_x} = \frac{B_3}{B_1} = \frac{B_{3m}\sin(\omega_G t - \gamma + \beta)}{B_{1m}\sin(\omega_G t - \gamma)}$$

若 $B_{1m} = B_{3m} = B_m$，并且 $\beta = 90°$，则

$$\tan\alpha = \frac{\cos(\omega_G t - \gamma)}{\sin(\omega_G t - \gamma)} = \cot(\omega_G t - \gamma) \tag{8-6}$$
$$= \tan[90° - (\omega_G t - \gamma)]$$

于是，可得

$$\alpha = (90° + \gamma) - \omega_G t \tag{8-7}$$

对于已制成的同步表来说，γ 为一恒定值，故 α 角是随着 $\omega_G t$ 而变化，即 B 在空间上为一个幅值不变的圆形旋转磁场。

由电流 $I_{U'V'}$ 在线圈 L 中所产生的磁场为一个按正弦规律变化的脉动磁场，即在任何时刻，磁场在空间的轴线并不移动，而只是其磁感应强度的大小和方向按正弦规律作周期性的变化。

3. 同步表在不同运行情况下的动作情况

（1）待并发电机与系统完全同步时：此时，$\dot{U}_{U'V'} = \dot{U}_{UV}$ 和 $\omega_G = \omega_S$。由图 8-7（c）可知，在线圈 L 中的电流 $I_{U'V'}$ 与参考电压 $\dot{U}_{UV}$ 相位相同，则线圈 L 中产生周期性变化的脉动磁场，磁感应强度为

$$B_L = B_{Lm}\sin(\omega_S t) \tag{8-8}$$

Z 形铁片被脉动磁场磁化，磁化了的铁片处在旋转磁场之中。由于铁片上磁性的大小和方向都随着脉动磁场呈周期性的变化，加上铁片本身有惯性，所以它不能像由直流励磁的同步电机的转子那样，永远追随着旋转磁场旋转，而是力图占据磁场能力最大的位置，即当铁片被磁化而磁性最强时，它总是力图与旋转磁场的磁极轴线方向保持一致。当它已占据这一位置后，旋转磁场在空间上继续以 $\omega_G = 2\pi f_G$ 的角速度不停顿地旋转，旋转磁场的磁极转过去，Z 形铁片的磁性随着开始减弱，当磁极转过 90°时，Z 形铁片的磁性已消失，当磁极转过 180°时，Z 形铁片的磁性正好达到反方向最强，仍保持停在磁场能力最大的位置上。这样，当发电机与系统完全同步时，与 Z 形铁片装在同一转轴上的指针 E，将停留在一定的位置上不动，此位置即为同步表的同步点，此时，正好是 $B_L = B_{Lm}$，则 $\sin(\omega_G t) = 1$。

由此可得 $\omega_S t = 90°$，将此值代入式（8-7）可得

$$\alpha = \gamma \tag{8-9}$$

也就是说，当指针指示同步点时，Z 形铁片与线圈 L3 的夹角 α 等于 γ。对已制成的同步表来说，γ 是恒定值，所以表计的同步点是固定的，并在表盘上有明显的红线条标志。

（2）待并发电机与系统的电压、频率相等，但相角不同时：此时，$\omega_S = \omega_G$，但 $\dot{U}_{UV}$ 与 $\dot{U}_{UV}$ 相角不等。例如，当待并发电机电压 $\dot{U}_{UV}$ 的相角滞后系统电压 $\dot{U}_{U'V'}$ 的角度为 δ 时，这时作用在 Z 形铁片的脉动磁感应强度为

$$B_{\mathrm{L}} = B_{\mathrm{Lm}} \sin(\omega_{\mathrm{S}} t + \delta)$$

当　　　　　　　　　$$B_{\mathrm{L}} = B_{\mathrm{Lm}}$$

则　　　　　　　　　$$\omega_{\mathrm{S}} t = 90° - \delta$$

将上式代入式（8-7），可得

$$\alpha = (90° + \gamma) - 90° + \delta = \gamma + \delta \qquad\qquad（8-10）$$

磁场将比在同步时提前 δ 角达到最大值，因此，它为了保持占据磁场能量最大的位置，指针停留的位置将偏离开同步点，而是向"慢"的方向转过一个角度 δ。

同理，当待并发电机电压 $\dot{U}_{\mathrm{UV}}$ 的相角超前系统电压 $\dot{U}_{\mathrm{U'V'}}$ 的角度为 δ 时，指针停留的位置将向"快"的方向偏转 δ 角。

（3）待并发电机的频率与系统频率不等时：此时 $f_{\mathrm{G}} \neq f_{\mathrm{S}}$，由于两者频率不等，Z 形铁片被脉动磁场交变磁化一次，旋转磁场不是正好转过一周，因而指针不可能停留在一个固定的位置上。若待并发电机频率比系统频率高，则脉动磁场交变一次，旋转磁场转过一圈多，这时 Z 形铁片仍要保持其被磁化最强的瞬间位置，与旋转磁场的轴线在空间上的位置相重合，就得带着指针偏离开原来相遇位置一个角度，等到下一个周波又要在刚才位置基础上，再偏离一个角度。实际上，这个过程是连续的，从表盘上看，指针就向"快"的方向旋转。同样道理，如果待并发电机频率低于系统频率，Z 形铁片就带着指针向"慢"的方向旋转。显然，发电机和系统频率差得越多，指针转得越快。但当两侧频率差到一定程度后，由于可动部分惯性的影响，指针将不再旋转，而只做较大幅度的摆动，如二者频率相差太多，指针就停着不动了。所以规定，对 1T1-S 型同步表，只当两侧频率差在 ±0.5 Hz 以内时，才允许将同步表接入同步电压小母线上。

根据上面的分析可知，1T1-S 型同步表的工作原理是以待并发电机电压相量 $\dot{U}_{\mathrm{UV}}$ 为基准，并假定其固定在同步点上，而系统电压相量 $\dot{U}_{\mathrm{U'V'}}$ 相对 $\dot{U}_{\mathrm{UV}}$ 而变化，即指针表示系统电压（$\dot{U}_{\mathrm{U'V'}}$）相量。当系统频率高于待并发电机频率，即 Δf（$\Delta f = f_{\mathrm{S}} - f_{\mathrm{G}}$）大于零时，指针向逆时针（"慢"）方向旋转；当系统频率低于待并发电机频率，即 Δf 小于零时，指针向顺时针（"快"）方向旋转。指针旋转的角频率等于 ω_{N}。在 ω_{S} 等于零的情况下：当系统电压 $\dot{U}_{\mathrm{U'V'}}$ 超前待并发电机 $\dot{U}_{\mathrm{UV}}$ 的角度为 δ 时，指针向逆时针（"慢"）的方向偏转角；反之，指针向顺时针（"快"）的方向偏转 δ 角。

二、组合式同步表

MZ-10 型组合式同步表的外形如图 8-8 所示。MZ-10 型组合式同步表按接线方式可分为三相式和单相式两种，其内部电路如图 8-9 所示。仪表由电压差表、频率差表和同步表三部分组成。同步表 S 是两线圈在空间夹角为 60° 角的电磁式同步表，其工作原理与 1T1-S 同步表相似。

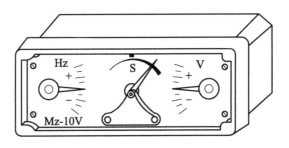

图 8-8 MZ-10 型组合式同步表外形

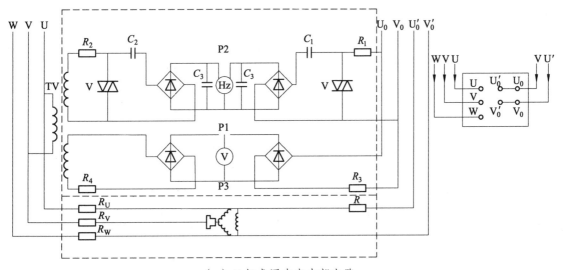

（a）三相式同步表内部电路

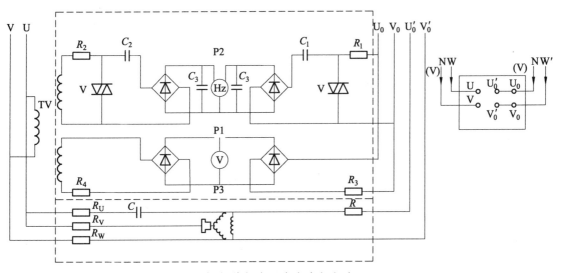

（b）单相式同步表内部电路

图 8-9 MZ-10 型组合式同步表电路

电压差表 P1 的测量机构为磁电式微安表。整流电路将待并发电机和系统的交流电压变换成直流电流，并流入微安表进行比较。两个电流相等时，其差值等于零，微安表指针不偏转，即停留在零（水平）位置上；当待并发电机电压大于系统电压，即 $\Delta U(\Delta U = U_G - U_S)$ 大于零时，微安表指针向正方向偏转；反之，指针向负方向偏转。

频率差表 P2 的测量机构为直流流比计。削波电路、微分电路（C_1 和 R_1 或 C_2 和 R_2）和整流电路，将输入的两个正弦交流电压变换为与其电源频率大小成正比的直流电流。这两个电流分别流入流比计的两个线圈中，两个线圈分别绕在同一铝架上，并在永久磁铁所产生的固定磁场里，产生一对相反方向的转矩。所以，当待并发电机与系统的频率相同，即 Δf 等于零时，两个线圈所产生的转矩正好相互抵消，作用在流比计指针上的总力矩等于零，则指针不偏转，而停留在零（水平）位置上。当两侧频率不等时，指针偏转，直到与游丝所产生的反力矩相平衡为止，其指针偏转方向取决于频率差的极性。当待并发电机频率大于系统频率，即 $\Delta f = (\Delta f = f_G - f_S)$ 大于零时，指针向正方向偏转；反之，指针向反方向偏转。

在组合式同步表中，电压差表 P1 和频率差表 P2 都是以系统电压和系统频率为基准。所以，对于同步表 P3，通常也是以系统电压相量 $\dot{U}_{UV}$ 为基准，并假定其指向 12 点钟时固定不动，待并发电机电压相量 $\dot{U}_{UV}$ 相对于 $\dot{U}_{UV}$ 而变化，即指针表示待并发电机电压相量 $\dot{U}_{UV}$。当系统频率高于待并发电机频率，即 $\Delta f(\Delta f = f_G - f_S)$ 小于零时，指针向顺时针方向旋转；反之，当 Δf 大于零时，指针向逆时针方向旋转。指针旋转的角频率等于 $\Delta \omega$。在 $\Delta \omega$ 等于零的情况下：当系统 $\dot{U}_{UV}$ 超前待并发电机电压 $\dot{U}_{UV}$ 时，指针向顺时针方向偏转 δ 角；反之，指针向逆时针方向偏转 δ 角。

组合式同步表的优点是准确度高，尺寸小，不需要单独的同期小屏。缺点是不能指示两侧电源的频率和电压的绝对值。

如果同步过程需要"粗略同步"和"精确同步"两步时，U_0、V_0 接"粗略同步"回路，U_0'、V_0' 接"精确同步"回路。当同步过程没有粗略与精确之分时应把 U_0 与 U_0'、V_0 与 V_0' 相连。

三、手动准同步并列电路

如果把待并发电机（或系统）的电压、频率和相位角调整到与运行系统相同时，采取手动的方式合上断路器，则把这种操作方式称为手动准同步方式。

手动准同步分集中同步和分散同步两种方式。集中同步方式是把组合式同步表与操作开关装设在集中同步屏上，对任一需要并列机组进行调速（调压）及各同步点的操作均在该屏上进行。分散同步方式为同步表计集中，各同步点的操作开关分别设在各同步点的控制屏上。

（一）组合同步表测量电路

图 8-10 所示为单相 MZ-10 型组合式同步表测量电路。L3'-620 为系统侧电压小母线，L3-610 为待并发电机侧电压小母线，LN（2）-600 为公用接地小母线；SSM1 为手动准同步开关，型号为 LW2-H-2、2、2、2、2、2、2、2/F7-8X，其触点通断情况见表 8-2；P 为组合式同步表（MZ-10 型单相 100 V）；KY 为同步监察继电器（DT-13/200 型）。此测量电路适用于发电机出口断路器、母联断路器及双绕组变压器同步电压的引入。手动准同步开关 SSM1 有"断开""粗略""精确"三个位置。平时置"断开"位置，将同步表 P 退出；在进

行手动准同步并列之初，将 SSM1 置于"粗略"位置，其触点 2-4、6-8、10-12 接通，将同步表 P 中的电压差表 P1 和频率差表 P2 接入同步电压小母线上。调整发电机的电压和频率，当两侧电压和频率调至满足并列条件时，将 SSM1 置"精确"位置，其触点 1-3、5-7、9-11、17-19、21-23 接通，将同步表 P 中的电压差表 P1 和频率差表 P2 及同步表 P3 都接入同步电压小母线上。运行人员根据 P3 表的指示值，选择合适的超前相位，发出合闸脉冲，将待并发电机并入系统。

同步电压小母线	手动准同步电压回路

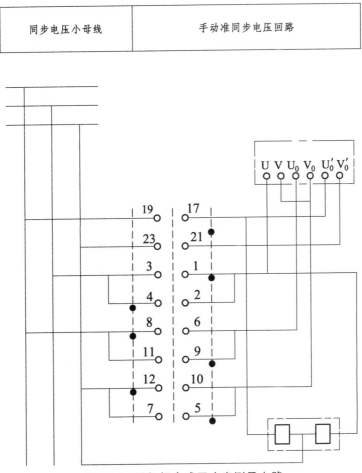

图 8-10　单相组合式同步表测量电路

表 8-2　SSM1：LW2-H-2、2、2、2、2、2、2/F7-8X 触点表

触点盒形式			2	2	2	2	2	2	2	2
触点号			1-3	2-4	5-7	6-8	9-11	10-12	13-15	14-16	17-19	18-20	21-23	22-24	25-27	26-28	29-31	30-32
手柄位置	断开	↑	—	—	—	—	—	—	—	—	—	—	—	—	—	—	—	—
	精确	↗	·	—	·	—	·	—	·	—	·	—	·	—	·	—	·	—
	粗略	↖	—	·	—	·	—	·	—	·	—	·	—	·	—	·	—	·

（二）待并发电机调速电路

图 8-11 所示为待并发电机调速电路。M717、M718 为全厂公用自动调速小母线；SM 为集中调速开关（LW4-2/A23 型）；SM1 为调速方式选择开关；SM2 为分散同步调速开关；M 为原动机调速机伺服电动机。调速方式选择开关 SM1 有"集中"和"分散"两个位置。

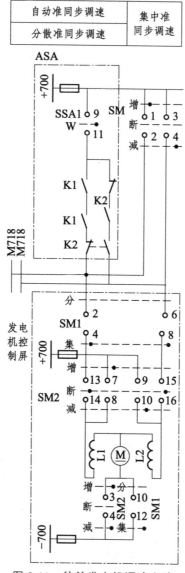

图 8-11　待并发电机调速电路

1. 集中准同步调速

若在集中同步屏上进行集中调速时，先将 SM1 置于"集中"位置，其触点 2-4、6-8 和 10-12 接通，分散调速开关 SM2 处于"断开"位置，其触点 13-14 和 15-16 接通，将伺服电动机 M 的励磁绕组 L1 和 L2 分别接到自动调速小母线 M717、M718 上。这时在集中同步屏上，操作集中调速开关 SM 就可以调整原动机的转速，实现频率的增减。当 SM 开关置于"增速"位置时，动作回路 + 700→SM_{1-2}→M717→$SM1_{2-4}$→$SM2_{13-14}$→伺服电动机 M 的 L1 线圈→伺服电动机 M→$SM1_{10-12}$→ – 700 接通，伺服电动机 M 正转，使原动机增速；当 SM 开关置于"减速"位置时，动作回路 + 700→SM_{3-4}— M718→$SM1_{6-8}$-$SM2_{15-16}$→伺服电动机 M 的 L2 线圈→伺服电动机 M→$SM1_{10-12}$→ – 700 接通，伺服电动机 M 反转，使原动机减速。

2. 分散准同步调速

若在发电机控制屏上进行分散调速时，应将调速方式选择开关 SM1 置于"分散"位置，其触点 2-4 和 6-8 断开。这时在待并发电机控制屏上操作分散调速开关 SM2，就可以调整原动机的转速。当 SM2 开关置于"增速"位置时，动作回路 + 700→$SM2_{7-8}$→伺服电动机 M 的 L1 线圈→伺服电动机 M→$SM2_{3-4}$→ – 700 接通，服电动机 M 正转，使原动机增速；当 SM2 开关置于"减速"位置时，动作回路 + 700→$SM2_{9-10}$→伺服电动机 M 的 L2 线圈→伺服电动机 M-$SM2_{3-4}$→ – 700 接通，则伺服电动机 M 反转，使原动机减速。

当进行分散调速时，由于 SM2 的触点 13-14 和 15-16 断开，就闭锁了集中同步屏上的调速回路，使集中调速无法进行。

（三）同步闭锁电路

在手动准同步并列操作过程中，为了防止运行人员误操作而造成非同步并列事故，同步系统一般采取以下措施。

1. 同步点断路器之间应相互闭锁

为了避免同步电压回路混乱而引起异步并列，在并列操作时，同步电压小母线只能存在待并断路器两侧的同步电压。为此，每个同步点的断路器均单独装有一个同步开关，并公用一个可抽出的手柄，此手柄只有在"断开"位置时才能抽出。以保证在同一时间内，只允许对一台同步点断路器进行并列操作。

2. 同步装置之间应相互闭锁

发电厂或变电站可能装有两套及以上不同原理构成的同步装置。为了保证在同一时间内只投入一套同步装置，一般通过同步选择开关（即手动准同步开关 SSM1）、自动准同步开关 SSA1 和自同步开关 SSA2 来实现，并公用一个可抽出的手柄。

3. 手动调频（或调压）与自动调频（或调压）回路

（1）在待并发电机控制屏上手动调频（或调压）时，应切除集中同步屏上的手动调频（或调压）回路。

（2）手动调频（或调压）时，应切除自动调频（或调压）回路。

（3）自动调频（或调压）装置和集中同步屏上的手动调频（或调压）装置，每次只允许对一台发电机进行调频（或调压）。

4. 同步闭锁装置

在手动准同步并列操作过程中，为了防止运行人员在不允许的相角差下误合闸，同步系统一般装设同步监察继电器 KY 构成的非同步闭锁装置。同步闭锁装置的接线如图 8-12 所示。

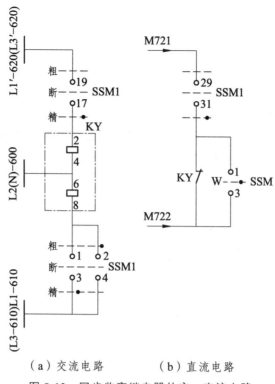

（a）交流电路　　　（b）直流电路

图 8-12　同步监察继电器的交、直流电路

　　同步监察继电器平时不工作，处于"断开"位置，只有在手动准同步时将 SSM1 置于"精确"位置，KY 才接于运行系统电压 $\dot{U}_{W'V}$（或 $\dot{U}_{U'V}$）和待并系统电压 $\dot{U}_{WV}$（或 $\dot{U}_{UV}$）上。全厂（站）公用一只同期监察继电器。

　　在同步合闸小母线 M721 和 M722 之间串接同步监察继电器 KY 的动断触点，当运行系统与待并发电机两侧电压的相角差大于 KY 的动作整定值时，KY 继电器动作，其动断触点断开，禁止发出合闸脉冲（即闭锁了同步操作），以免断路器在两侧的相位差大于允许值时误合闸。

　　同步监察继电器 KY 是经手动准同步开关 SSM1 控制，只有在手动准同步开关 SSM1 置于"精确"同步位置时，手动准同步回路才经 SSM1 的触点 19-17 投入。为了在单侧电源的情况下解除闭锁回路，在 KY 动断触点两端并联接入解除手动准同步开关 SSM 的触点 1-3，在单侧电源合闸，无同步问题，需要用 SSM 的触点 1-3 将 KY 的动断触点短接，发出合闸脉冲。这是因为在单侧电源情况下，KY 一直处于动作状态。

（四）同步点断路器的合闸回路

　　图 8-13 所示为同步点断路器合闸控制回路，M721、M722、M723 为全厂（站）公用同步合闸小母线；SSM 为解除手动准同步开关（LW2-H-1，1/F7-X）；SB 为集中同步合闸按钮（LA2-20 型）。

　　手动准同步并列分为分散手动准同步并列和集中手动准同步并列两种。

同步合闸 小母线	准同步 合闸脉冲	自同步 合闸脉冲	断路器控制回路

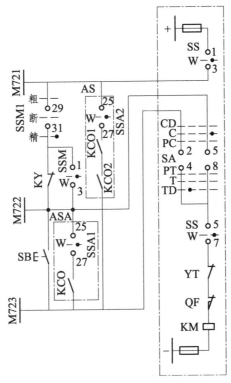

图 8-13　同步点断路器合闸控制电路

1. 集中手动准同步并列

选择好同步点断路器，将该断路器对应的同步开关 SS 置于"投入（W）"位置时，其触点 1-3 接通，合闸小母线 M721 从控制母线正极取得正的操作电源。当待并系统的电压差、频率差满足并列要求时，将手动准同步开关 SSM1 从"粗略"切换到"精确"位置，触点 29-31 接通，当同步监察继电器 KY 处于返回状态时，其动合触点在闭合的位置，合闸小母线 M722 即取得正的操作电源。若采用集中手动准同步并列，由于断路器控制开关 SA 处在"跳闸后"位置，2-4 触点接通，按下集中同步合闸按钮 SB，则回路 + →SS_{1-3}→M721-$SSM1_{29-31}$→KY→M722→SB→M723→SA_{2-4}-SS_{5-7}→YT→QF 动断触点→KM→ – 接通，合闸接触器 KM 带电，启动合闸线圈使断路器合闸。

2. 分散手动准同步并列

选择好同步点断路器，合上与此断路器相关的隔离开关，如果自动准同步开关 SSA1、自同步开关 SSA2、解除手动准同步开关 SSM 及 SSM1 开关在断开位置，将该断路器对应的同步开关 SS 置于"投入（W）"位置时，其触点 1-3 接通，合闸小母线 M721 从控制母线正极取得正的操作电源。将手动准同步开关 SSM1 置于"粗略"位置，观察 P1、P2 表，判别压差、频差是否满足并列条件。若不满足条件，在待并发电机控制屏上调压、调速。当压差、频差满足并列要求时，停止调整。将 SSM1 置于"精确"位置，当同步监察继电器 KY 处于返回状态时，其动断触点在闭合的位置，合闸小母线 M722 即取得正的操作电源。根据同步表 P3 的指示，选择合适的超前相角，运行人员将控制开关 SA 置于"合闸"位置，则 SA 侧触点 5-8 接通，则回路 + →SS$_{1-3}$→M721→SSM1$_{29-31}$→KY→M722→SA$_{5-8}$→SS$_{5-7}$→YT→QF→KM→ − 接通，合闸接触器 KM 带电，启动合闸线圈使断路器合闸。

断路器合闸成功后，红灯闪光，运行人员将控制开关 SA 置于"合闸后位置"，红灯变为发平光。再将 SS、SSM1 置于"断开"位置。

四、闭锁电路

在手动准同期并列操作过程中，为了防止运行人员误操作而造成非同期并列，同期系统一般采用以下闭锁措施。

1. 同步点断路器之间应相互闭锁

为了避免同步电压回路混乱而引起非同期并列，在并列操作的时间内，同期电压小母线只能存在待并断路器两侧的同期电压。为此，每个同期点断路器均装有同期开关，所有这些同期开关共用一个可抽出的手柄，此手柄只有在"断开"位置时才能抽出。因为同期电压和合闸脉冲均经过同期开关引入，这样就避免了不同电压互感器二次回路的并联和各断路器合闸回路的并联，从而保证在同一时间内，只允许对一台同期点断路器进行并列操作。

2. 同步装置之间应相互闭锁

发电厂或变电站可能装有两套及以上不同原理构成的同期装置。为了保证在同一时间内只投入一套同期装置，一般通过同期选择开关来实现手动准同期、自动准同期以及自同期方式的选择，并共用一个可抽出的手柄。

3. 手动调频（或调压）与自动调频（或调压）回路应相互闭锁

（1）手动调频（或调压）时应切除自动调频（调压）回路。

（2）自动调频（或调压）每次只允许对一台发电机进行调频（调压）。

4. 闭锁继电器

为了防止在不允许的相角差下误合闸，通常在手动准同期合闸回路中装设闭锁误合闸的同期检查继电器 KY。

目前常用的国产同期检查继电器有 DT-13 型、DT-1 型和 BT-B 型等。图 8-14（a）所示为 DT-13 型同期检查继电器的原理图。在其铁心上绕有极性（绕向）相反的两个线圈，分别接运行系统侧电压 $U_{a'b'}$ 和待并系统侧电 U_{ab}，两个线圈在铁中产生的磁通方向相反，其合成磁通 ϕ 与两侧电压之差成正比。而两侧电压之差又与它们间的相角差有关。其工作原理如下：

（1）当两个电压相等、相位也相等时，两侧电压产生的磁通相互抵消，合成磁通 $\phi = 0$，同期检查继电器 KY 不动作，其常闭触点闭合。

（2）当两个电压大小相等（$U_{a'b'} = U_{ab}$）、相位不等时，两电压差 $\Delta \dot{U} = \dot{U}_{ab} - \dot{U}_{a'b'}$，其大小与两电压间的相角差 δ 的大小有关，由图 8-14（b）可得出 $\Delta U = 2U_{ab} \times \sin\dfrac{\delta}{2}$。

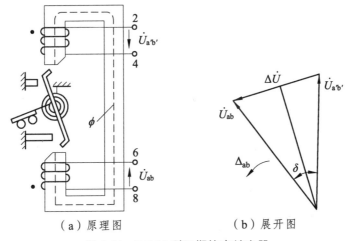

（a）原理图　　　　　（b）展开图

图 8-14　DT-13 型同期检查继电器

（3）当两个电压的频率（角速度 ω）不等时，其角速度差 $\Delta\omega=\omega-\omega'$，这就如同 $\dot{U}_{ab'}$ 不动，而 $\dot{U}_{ab}$ 以速度 $\Delta\omega$ 旋转一样，使得 $\dot{U}_{ab'}$ 与 $\dot{U}_{ab}$ 之间的相位差不断随时间而改变，如图 8-14（b）所示。

（4）电磁型继电器 KY 的 Z 形片的转矩与铁心中合成磁通 ϕ 平方成正比（$M=K\phi^2$），因而与两电压的相角差 δ 有关：δ 越大时，ΔU 越大，ϕ 越大，力矩 M 也越大。适当调节 KY 的反作用力弹簧，就可以使 KY 整定在一定的角度 δ 时启动或返回。

同期检查继电器 KY 与同期表 PS 一样，都是经同期表计切换开关 SSM1 控制，只有 SSM1 在 "精确同期" 位置时，才将同期小母线上的同期电压接到 KY 的线圈上，这样全厂（站）只装设一只共用的同期监察继电器。

同期检查继电器 KY 的常闭触点串接在同期闭锁小母线 1WSCB、2WSCB 之间，当待并系统和运行系统之间的相角差超过允许值时，其常闭触点断开，使合闸脉冲不能发出，防止非同期合闸。反之，相角差小于允许值时，常闭触点闭合，允许发出合闸脉冲，使断路器合闸。

带有闭锁的断路器合闸回路如图 8-15 所示。具体操作时，先投入同期开关 SAS 使触点 1-3、17-19 接通，当基本满足同期条件，即待并系统和运行系统的相角差在允许的范围内时，同期检查继电器常闭触点闭合，使 1WSCB、2WSCB 同期闭锁小母线接通。此时，再操作控制开关 SA，发出合闸脉冲，便可使断路器合闸。

图 8-15 中，在 KY 的常闭触点两端并联有闭锁开关 S2 的触点 1-3，其目的是在特殊情况下解除同期闭锁回路。若单侧电源合闸，无同期问题，需要用 S2 的触点 1-3 将 KY 的常闭触点短接，为接通合路做好准备，此时再投入同期开关，并操作 SA 便可使断路器合闸。否则，同期点的断路器一侧暂无电压而又要进行合闸操作时，由于同期检查继电器的两个线圈因一方无电使其常闭触点不能闭合，断路器合闸回路便无法接通。

应注意闭锁开关 S2 触点 1-3 接通时是解除同期闭锁，断开时是投入同期闭锁。平时 S2 开关应打在同期闭锁投入位置，即触点 1-3 断开，使 KY 触点合闸回路中进行同期条件检查。

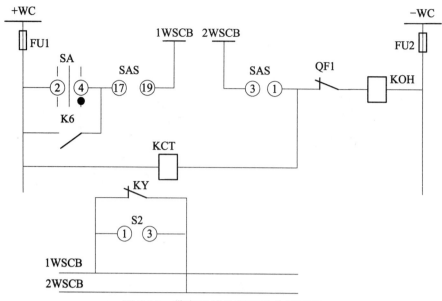

图 8-15　带有闭锁的断路器合闸回路

第四节　同步点断路器的合闸控制

发电厂和变电站同步点断路器，需要在同步条件下才能进行合闸，其合闸控制回路与一般断路器的合闸控制回路有所不同。图 8-13 中标出手动准同步、自动准同步（ASA）和自同步（AS）三种同步方式的合闸控制回路，不论采用哪一种同步方式，同步点（断路器）的合闸控制回路都经过同步开关 SS 的触点加以控制，即当断路器同步开关 SS 在"投入"位置，其触点 1-3 和 5-7 接通时，才允许合闸。手动准同步并列前面已经介绍，下面介绍自动准同步并列和自同步并列。

一、自动准同步并列

首先断开自同步开关 SSA2，并将自动准同步开关 SSA1 置于"投入"位置，其触点 25-27 接通；当解除手动准同步开关 SSM 投入（或在 KY 返回）时，M722 合闸母线取得正的操作电源，在控制开关处于"跳闸后"位置，其触点 2-4 接通时，当自动准同步装置 ASA 出口继电器 KCO 动作时，就自动地发出合闸脉冲，实现断路器自动合闸。

二、自同步并列

在 SS "投入"位置时，其触点 1-3、5-7 接通；SA 处于"跳闸后"位置，触点 2-4 接通；将自同步开关 SSA2 置于"投入"位置，其触点 25-27 接通，当自同步装置出口中间继电器 KCO1、KCO2 触点闭合时，发出合闸脉冲，实现断路器自动合闸。因为自同步并列前，待并发电机未加励磁，所以还能经过同步闭锁回路（KY 触点回路）。

自动准同步和自同步并列时，当合闸成功后红灯闪光，运行人员将控制开关 SA 置于"合闸后"位置，使控制开关 SA 与断路器位置相对应，闪光停止变为平光。

复习思考题

1. 同步并列的方法有_____和_____。
2. 简述准同步方式有几种方式以及准同期方式的优点与缺点。

3. 两个独立电源并列运行的条件是什么？

4. 同步电压引入方式有哪几种？

5. 什么是同期点？其设置原则是什么？

6. 同步电压如何引入？转角变压器的作用是什么？

7. 同步装置有哪些闭锁措施？怎样实现闭锁功能？

第九章 二次设备的选择

第一节　二次回路保护设备的选择

二次回路的保护设备主要用于切除二次回路的短路故障，并作为回路检修和调试时断开交、直流电源。保护设备一般采用熔断器，也可以采用自动开关。

一、熔断器的配置

（1）同一个安装单位的控制、保护和自动装置一般合用一组熔断器。

（2）当一个安装单位内只有一台断路器时（如35 kV或110 kV出线），只装一组熔断器。

（3）当一个安装单位有几台断路器时（如三绕组变压器各侧断路器），各侧断路器的控制回路分别装设熔断器。

（4）对公用的保护回路，应根据主系统运行方式，决定是接于电源侧断路器的熔断器上，还是另行设置熔断器。

（5）发电机出口断路器和自动灭磁装置的控制回路一般合用一组熔断器。

（6）两个及以上安装单位的公用保护和自动装置回路（如母线保护等），应装设单独的熔断器。

（7）公用的信号回路（如中央信号等）应装设单独的熔断器。

（8）厂用电源和母线设备信号回路一般分别装设公用的熔断器。

（9）闪光小母线的分支线上，一般不装设熔断器。

（10）信号回路用的熔断器均应加以监视，一般用隔离开关的位置指示器进行监视，也可以用继电器或信号灯来监视。

二、熔断器的选择

熔断器应按二次回路最大负荷电流选择，即

$$I_{\mathrm{N}} = \frac{I_{\mathrm{LD \cdot max}}}{K} \tag{9-1}$$

式中　I_{N} ——熔件的额定电流，A；

　　　$I_{\mathrm{LD \cdot max}}$ ——二次回路最大负荷电流，A；

　　　K ——配合系数，一般取1.5。

第二节　控制和信号回路设备的选择

一、控制开关的选择

控制开关应根据回路需要的触点数，回路的额定电压、额定电流和分断容量，操作回路及操作的频繁程度等进行选择。

二、信号灯及附加电阻的选择

灯光监视控制回路的信号灯及附加电阻按下列条件进行选择。

（1）当灯泡引出线上短路时，通过跳合闸操作线圈的电流应小于其最小动作电流及长期热稳定电流，一般不大于操作线圈额定电流的10%。

（2）当直流母电压为额定电压的95%时，加在信号灯的电压不应低于信号灯额定电压的60%～70%，以便保证适当的亮度。

三、继电器和接触器的选择

1. 跳合闸回路中的中间继电器和合闸接触器的选择

跳合闸中间继电器电流（自保持）线圈的额定电流，除应配电磁操作机构的断路器由于合闸电流大，合闸回路没有合闸接触器，合闸继电器需按合闸接触器的额定电流选择外，其他跳合闸继电器均按断路器的合闸或跳闸线圈的额定电流来选择，并保证动作的灵敏系数不小于1.5。

2. 跳合闸位置继电器的选择

跳合闸位置继电器除按直流额定电压、需要的触点类型和数量进行选择外，还应满足下列条件。

（1）在正常情况下，通过跳合闸操作线圈的电流应小于其最小动作电流及长期热稳定电流。

（2）在直流母线电压为其额定电压的85%时，加于继电器的电压不应小于继电器额定电压的70%，以保证继电器可靠动作。

3. 防跳继电器的选择

（1）型式的选择：应采用电流启动电压保持的中间继电器，其动作时间应不大于继电器的固定跳闸时间。

（2）参数的选择与整定：电流启动线圈的额定电流按断路器跳闸线圈额定电流的 1/2 来选择。它的动作电流整定为额定电流的80%，以便保证直流母线电压降低至其额定电压的85%

时，继电器仍能可靠动作，并保证动作的灵敏系数不小于 1.5。电压自保持线圈的额定电压按直流母线的额定电压来选择，其保持电压整定为额定电压的 80%。

第三节　控制电缆的选择

一、控制电缆型式及芯线的选择

控制电缆一般选用聚乙烯或聚氯乙烯绝缘聚氯乙烯护套铜芯控制电缆（KYV、KVV 型），也可以选用橡皮绝缘聚氯乙烯护套或氯丁护套铜芯控制电缆（KXV、KXF 型）。当有特殊要求时，采用有防护措施的铜芯电缆，例如：

（1）对于计算机、巡检及远动低电平传输线路、数字脉冲传输线路和其他有可能受到强烈电磁场干扰的测量、控制线路，应使用屏蔽电缆或铝包铠装电缆，一般可选用聚氯乙烯绝缘聚氯乙烯护套信号电缆（PVV 型）。当屏蔽要求较高时，可选用聚乙烯绝缘钢带绕包屏蔽塑料电缆（KYP2-22XQ2）或选用多芯屏蔽电子计算机电缆（DJYVP 型）。

（2）敏感的低电平线路，应采取可降低干扰电压的措施，如绞线穿金属管道等。

（3）对不耐光照的绝缘电缆（如聚氯乙烯绝缘电缆），应采用其他防日照措施，以防老化。

（4）在有可能遭受油类污染腐蚀的地方，应采用耐油电缆或采用其他防油措施。为提高直流系统的绝缘水平，强电控制电缆的额定电压不应低于 500 V，弱电控制电缆的额定电压不应低于 250 V。

控制电缆的型号可参照表 9-1 进行选择。

表 9-1　铜芯控制电缆的型号及使用范围

型号	名称	使用范围
KYV	聚乙烯绝缘聚氯乙烯护套控制电缆	敷设在室内、电缆沟中、管道内及地下
KVV	聚氯乙烯绝缘聚氯乙烯护套控制电缆	
KXV	橡皮绝缘聚氯乙烯护套控制电缆	
KXF	橡皮绝缘氯丁护套控制电缆	
KYVD	聚乙烯绝缘耐寒塑料护套控制电缆	
KXVD	橡皮绝缘聚耐寒塑料护套控制电缆	
KYV29	聚乙烯绝缘聚氯乙烯护套内钢带铠装控制电缆	敷设在室内、电缆沟中、管道内及地下，并能承受较大的机械外力作用
KXV29	橡皮绝缘聚氯乙烯护套内钢带铠装控制电缆	
KVV29	聚氯乙烯绝缘聚氯乙烯护套内钢带铠装控制电缆	

注：控制电缆型号中字母和数字的含义，K 为控制电缆系列；X 为橡皮绝缘；Y 为聚乙烯绝缘；V 为聚氯乙烯绝缘或护套；F 为氯丁橡皮护套；VD 为耐寒套；2 为钢带铠装；9 为内铠装。

二、控制电缆截面的选择

1. 电流回路控制电缆的选择

电流回路用的控制电缆芯线截面不应小于 2.5 mm²，其允许电流为 20 A。由于电流互感器二次额定电流为 5 A，不需按额定电流校验电缆芯线截面，也不需要按短路电流校验其热稳定性，只需按电流互感器准确度等级所允许的导线阻抗来选择电缆芯线的截面。

2. 电压回路控制电缆的选择

电压回路用的控制电缆按允许电压降来选择电缆线芯截面。计算时只考虑有功压降 ΔU，其计算式为

$$\Delta U = \sqrt{3} \cdot K \cdot \frac{P}{U} \cdot \frac{L}{r \cdot S} \qquad (9\text{-}2)$$

式中　P——电压互感器每相有功负荷，V·A。

　　　U——电压互感器二次线电压，V。

　　　L——电缆长度，m；

　　　S——电缆芯线截面，mm²；

　　　r——电导系数，铜导线取 57m/（Ω·mm²）

　　　K——电压互感器接线系数。对于三相星形接线，$K = 1$；对于两相星形接线，$K = \sqrt{3}$；
　　　　　对于单相接线，$K = 2$。

　　　ΔU——电压回路压降，V。

3. 控制回路与信号回路控制电缆的选择

控制回路与信号回路用的控制电缆，应根据其机械强度条件来选择，铜芯电缆芯线截面不应小于 1.5 mm²。但在某些情况下（如采用空气断路器时），合、跳闸操作回路流过的电流较大，产生的压降也较大，为了使断路器可靠动作，此时需要根据电缆中允许电压降 ΔU 来校验电缆芯线截面。一般按正常最大负荷下，操作回路（即从控制母线至各设备）的电压降不超过额定电压的 10% 的条件来校验电缆芯线截面。

复习思考题

1. 简述二次回路的保护设备的作用。

2. 信号灯回路的附加电阻的作用是什么？

3. 二次回路中熔断器和低压断路器的配置原则是什么？

附表 A 表示种类的单字母符号

字母符号	项目符号	举例
A	组件、部件	分立元件放大器、磁放大器、激光器、微波放大器、印刷电路板、本表其他地方未提及的组件和部件
B	变换器（从非电量到电量或相反）	热电传感器、热电池、光电池、测功计、晶体换能器、送话器、拾音器、扬声器、耳机、自整角机、旋转变压器
C	电容器	
D	二进制单元延迟器件、存储器件	延迟线、双稳态元件、单稳态元件、磁芯存储器、寄存器、磁带记录机、盘式记录机
E	杂项	光器件、热器件、本表其他地方未提及的组件和部件
F	保护器件	熔断器、过电压放电器件、避雷器
G	发电机、电源	旋转发电机、旋转变频机、电池、振荡器、石英晶体振荡器
H	信号器件	光指示器、声指示器
J	用于软件	程序单元、程序、模块
K	继电器	
L	电感器、电抗器	感应线圈、电路陷波器、电抗器（串联和并联）
M	电动机	
N	模拟集成电路	
P	测量设备	测量设备、指示器件、记录器件
Q	电力电路的开关	断路器、隔离开关
R	电阻器	可变电阻器、电位器、变阻器、分流器、热敏电阻
S	控制电路的开关选择器	控制开关、按钮、限制开关、选择开关
T	变压器	变压器、电压互感器、电流互感器
U	调制器、变换器	鉴频器、解调器、变频器、编码器、逆变器、整流器、电报译码器、无功补偿器
V	电真空器件、半导体器件	电子管、晶体管、晶闸管、半导体器件
W	传输通道、波导、天线	导线、电缆、母线、波导、波导定向耦合器、偶极天线、抛物面天线
X	端子、插头、插座	插头和插座、测试塞孔、端子板、焊接端子板、连接片、电缆封端和接头
Y	电气操作的机械装置	制动器、离合器、气阀、操作线图
Z	终端设备、混合变压器、滤波器、均衡器、限幅器	电缆平衡网络、压缩扩展器、晶体滤波器、衰减器、阻波器

附表 B 常用双字母文字符号

设备名称	文字符号	设备名称	文字符号
电流调节器	ACR	磁通变换器	BM
晶体管放大器	AD	压力变换器	BP
集成电路放大器	AJ	触发器	BPF
励磁电流调节器	AMCR	位置变换器	BQ
频率调节器	AFR	测速发电机	BR
磁放大器	AM	温度变换器	BT
印制电路板	AP	电压-频率变换器	BV
速度调节器	ASR	速度变换器	BV
电压调节器	AUR	发热器件	EH
电流变换器	BC	照明灯	EL
具有瞬时动作的限流保护器件	FA	闪光继电器、选择器、起动继电器	KFR
快速熔断器	FF	热继电器（热元件）	KH（或 FR）
具有延时动作的限流保护器件、热保护器	FR	双稳态继电器	KL
具有延时和瞬时动作的限流保护器件	FS	中间继电器、脉冲继电器、接触器	KM
熔断器	FU	压力继电器	KP
限压保护器件	FV	极化继电器	KP
交流发电机	GA	功率继电器	KPR
异步发电机	GA	逆流继电器	KR
蓄电池	GB	重合闸继电器	KRC
直流发电机	GD	干簧继电器	KRD
励磁机	GE	信号继电器	KS
永磁发电机	GH	时间继电器	KT
同步发电机	GS	温度继电器	KT
发生器	GS	电压继电器	KV
蓝色指示灯	HB	阻抗继电器	KZ

设备名称	文字符号	设备名称	文字符号
绿色指示灯	HG	起动电抗器	LS
指示灯	HL	交流电动机	MA
红色指示灯	HR	异步电动机	MA
白色指示灯	HW	笼型电动机	MC
黄色指示灯	HY	直流电动机	MD
电流继电器	KA	同步电动机	MS
瞬时接触继电器	KA	力矩电动机	MT
瞬时有或无继电器	KA	功率因数表	P
交流继电器	KA	电流表	PA
制动继电器	KB	（脉冲）计数器	PC
合闸继电器	KC	频率表	PF
零序电流继电器	KCZ	电能表、有功电能表	PJ
差动继电器	KD	记录仪器	PS
接地继电器	KE	时钟、操作时间表	PT
频率继电器	KF	电压表	PV
无功功率表	PR	微动开关	SS
有功功率表	PW	转换开关	ST
自动开关	QA	温度传感器	ST
断路器	QF	自耦变压器	TA
快速开关	QF	电流互感器	TA
刀开关	QK	控制变压器	TC
负荷开关	QL	电炉变压器	TF
电动机保护开关、自动开关	QM	逆变变压器	TI
隔离开关	QS	电力变压器	TM
电力电路开关	Q	脉冲变压器	TP
制动电阻器	RB	整流变压器	TR
频敏变阻器	RF	同步变压器	TR
无功电能表	PJR	稳压器	TS
电位器	RP	电压互感器	TV

设备名称	文字符号	设备名称	文字符号
起动电阻器	RS	调解器	UD
热敏电阻器	RT	光耦合器	V
压敏电阻器	RV	二极管	VD
控制开关	SA	稳压管	VS
选择开关	SA	可关断晶闸管	VTO
停止按钮	SBS	晶闸管	VT
按钮	SB	电枢绕组	WA
合闸按钮	SB	电力母线	WB
终点开关	SE	励磁绕组	WC
试验按钮	SE	直流母线	WD
限位开关	SL	应急照明干线	WEM
主令开关	SM	应急照明分支线	WE
行程开关	SP	插接式母线	WIB
接近开关	SP	电力干线	WPM
压力传感器	SP	照明干线	WLM
位置传感器 （包括接近传感器）	SQ	电力电缆	WP
转数传感器	SR	转子绕组	WR
定子绕组	WS	电磁离合器	YC
连接片	XB	起重电磁铁	YL
测试塞孔	XJ	电动阀	YM
插头	XP	合闸线圈	YO
钢换片、插座	XS	跳闸线圈	YR
嘴子板	XT	牵引电磁铁	YT
电磁铁	YA	电磁阀	YY
电磁制动器	YB		

附表 C 常用辅助文字符号

序号	文字符号	名称	序号	文字符号	名称
1	A	电流	25	F	快速
2	A	模拟	26	FB	反馈
3	AC	交流	27	FM	正，向前
4	AUT	自动	28	GN	绿
5	ACC	加速	29	H	高
6	ADD	附加	30	IN	输入
7	ADJ	可调	31	INC	增
8	AUX	辅助	32	IND	感应
9	ASY	异步	33	L	左
10	BRK	制动	34	L	限制
11	BK	黑	35	L	低
12	BL	蓝	36	LA	闭锁
13	BW	向后	37	M	主
14	C	控制	38	M	中
15	CW	顺时针	39	M	中间线
16	CCW	逆时针	40	MAN	手动
17	D	延时（延迟）	41	N	中性线
18	D	差动	42	OFF	断开
19	D	数字	43	ON	闭合
20	D	降	44	OUT	输出
21	DC	直流	45	P	压力
22	DEC	减	46	P	保护
23	E	接地	47	PE	保护接地
24	EM	紧急	48	PEN	保护接地与中性线共用

序号	文字符号	名称	序号	文字符号	名称
49	PU	不接地保护	61	STE	步进
50	R	记录	62	STP	停止
51	R	右	63	SYN	同步
52	R	反	64	T	温度
53	RD	红	65	T	时间
54	RST	复位	66	TE	无噪声(防干扰)接地
55	RES	备用	67	V	真空
56	RUN	运转	68	V	速度
57	S	信号	69	V	电压
58	ST	起动	70	WH	白
59	SET	置位，定位	71	YE	黄
60	SAT	饱和			

［1］ 张玉诸. 发电厂及变电站二次接线[M]. 北京：水利电力出版社，1984.

［2］ 罗建华. 变电所二次部分[M]. 北京：中国电力出版社，2001.

［3］ 戴宪滨，杨志辉. 发电厂及变电站的二次回路[M]. 北京：中国水利水电出版社，2008.

［4］ 何永华. 发电厂及变电站的二次回路[M]. 2版. 北京：中国电力出版社，2011.